BONNER METEOROLOGISCHE ABHANDLUNGEN

Heft 52 (2000) (ISSN 0006-7156)
Herausgeber: ANDREAS HENSE

Hildegard-Maria Steinhorst

STATISTISCH-DYNAMISCHE VERBUNDANALYSE VON ZEITLICH UND RÄUMLICH HOCH AUFGELÖSTEN NIEDERSCHLAGSMUSTERN

Eine Untersuchung am Beispiel der Gebiete von Köln und Bonn

asgard verlag

Diese Arbeit ist die ungekürzte Fassung einer der Mathematisch-Naturwissenschaftlichen Fakultät der Rheinischen Friedrich-Wilhelms-Universität Bonn im Jahr 2000 vorgelegten Dissertation.

This paper is the unabridged version of a dissertation thesis submitted to the Faculty of Mathematical and Natural Sciences of the Rheinische Friedrich-Wilhelms-Universität Bonn in 2000.

Anschrift der Verfasserin:

Address of the author:

Hildegard-Maria Steinhorst
Meteorologisches Institut der
Universität Bonn
Auf dem Hügel 20
D-53121 Bonn

CIP-Titelaufnahme der Deutschen Bibliothek
Steinhorst, Hildegard-Maria:
Statistisch-dynamische Verbundanalyse von zeitlich und räumlich hoch aufgelösten Niederschlagsmustern: eine Untersuchung am Beispiel der Gebiete von Köln und Bonn.
Hildegard-Maria Steinhorst - St. Augustin: Asgard-Verlag, Hippe, 2000
(Bonner Meteorologische Abhandlungen: H.52)

ISBN 3-537-87607-6

© 2000 ASGARD Verlag, St. Augustin

Zusammenfassung

Das Ziel dieser Dissertation ist die Analyse und Modellierung von zeitlich und räumlich hoch aufgelösten Niederschlagsdaten. In einem ersten Schritt wird die Qualität der Meßdaten geprüft. Neben bewährten Prüfroutinen, wird auch die Eignung des Kalman-Filters als Fehlerdetektor untersucht. Basierend auf der Annahme, daß ein Niederschlagsereignis aus mehreren Niederschlagssequenzen (Zellen) bestehen kann, ist die Definition und die Identifizierung von unabhängigen Niederschlagsereignissen ein wichtiges Zwischenziel. Zur Separation der Ereignisse in der 5-Minutenauflösung wird ein neues Kriterium, welches die Pausendauer zwischen aufeinanderfolgenden Zellen und die mittlere Dauer der Zellen berücksichtigt, entwickelt.

Aufbauend auf die empirischen Häufigkeitsverteilungen der Niederschlagsgrößen werden unterschiedliche Niederschlagsmodelle an die Daten angepaßt. Berücksichtigte Größen sind z.B. die Verteilung der Zahl der Ereignisse pro Tag oder die Verteilung der Niederschlagsmenge und die, der Dauer der Zellen bzw. Ereignisse. Zwei Klassen von Modellen werden verwendet, jeweils in der Originalversion und in einer, den empirischen Gegebenheiten entsprechend modifizierten Version. In der ersten Modellklasse wird der Beginn der Ereignisse durch einen Poisson-Prozess bestimmt. Die zweite Modellklasse berücksichtigt das haufenweise Auftreten (Clustering) der Niederschlagssequenzen: auch hier wird der Beginn der Ereignisse durch einen Poisson-Prozeß bestimmt, jedes Ereignis kann jedoch aus mehreren Zellen bestehen. Bewertet werden die Modelle durch den Vergleich der theoretischen, also mit den Modellgleichungen simulierten Autokorrelationsfunktion mittels der empirisch berechneten Autokorrelationsfunktion. Das Ergebnis bestätigt die Eignung der modifizierten Modelle für die untersuchte Skala.

Schließlich werden im Untersuchungsgebiet mittels einiger Regionalisierungsverfahren, wie der Cluster-Analyse räumliche Muster gesucht, sowie ein möglicher Stadteffekt von Köln auf die Niederschlagsverteilung untersucht.

Abstract

The analysis of precipitation time series data with high temporal resolution (5 minutes) is carried out. First, the quality of the measurement reports is checked. Except for some established algorithms, the suitability of the Kalman-filter for the detection of erroneous data is studied. The next task is the definition and separation of independent rainfall events in the time series, based on the idea, that a rainfall event may consist of several rainfall sequences (cells). A new criterion, which considers the duration of the precipitation-free periods between succeeding cells and the mean duration of the cells is developed to separate independent events.

Based on the empirical probability density functions of the precipitation features precipitation models are fitted to the data. Considered were for example the distribution of the number of rainfall events per day, or the distribution of the rainfall intensity and the duration of the cells or events. Two classes of models were used, each in the original version and in a modified version (in respect to the empirical findings). In the first class of models each rainfall event is governed by a Poisson process. In the second class of models clustering of rainfall sequences is taken into account: the events again follow a Poisson process, but each event gives rise to a cluster of rain cells. The comparison of the theoretical, simulated autocorrelation with the empirical autocorrelation shows the suitability of the modificated models for the investigated scale. Finally regional particularities in the investigation area are looked for by the application of some regionalization algorithms as the Cluster-Analysis and the investigation of a possible town-effect for Cologne.

An dieser Stelle möchte ich mich herzlich bei meinen beiden Doktorvätern bedanken. Diese Arbeit entstand auf Anregung meines Doktorvaters

Herrn Prof. Dr. H.-D. Schilling †.

Mein besonderer Dank gilt seiner Begeisterung für die Wissenschaft, den spannenden Diskussionen, der vorzüglichen Betreuung und fachlichen Anleitung. Leider kann ich ihm meinen Dank nicht persönlich aussprechen, da er im November 1997 völlig unerwartet verstarb. Ebenso, möchte ich mich bei meinem Doktorvater

Herrn Prof. Dr. C. Simmer

sehr herzlich dafür bedanken, daß er nach Herrn Schillings Tod die Betreuung dieser Arbeit übernommen hat. Seine Bereitschaft sich mit diesem Thema auseinanderzusetzen, die fachlichen Diskussionen und Anregungen, die oft neue interessante Ideen brachten, haben es mir nicht nur ermöglicht, diese Arbeit abzuschließen, sondern stellen für diese Arbeit eine Bereicherung dar.

Herrn Prof. Dr. A. Hense danke ich für die Übernahme des Korreferats.

Desweiteren danke ich der Konrad-Adenauer-Stiftung (Begabtenförderung) für die Promotionsförderung, die es mir ermöglicht hat, diese Arbeit anzufertigen.

Weiterhin gilt mein Dank den Herren Dr. J. Klaßen und A. von Versen für die Durchsicht des Manuskripts und Herrn X. Zhi für anregende Diskussionen.

Dem Tiefbauamt Bonn und dem Stadtwasseramt Köln danke ich für die Überlassung der Niederschlagsdaten, welche dieser Arbeit zugrunde liegen.

In memoriam Herrn Prof. Dr. H.-D. Schilling †,

meinem Doktorvater, der im November 1997 während einer Forschungsreise in Venezuela, dem Land das schon den großen Gelehrten Alexander von Humboldt beeindruckte, überraschend verstarb.

„Wildheit und Friedlichkeit, Schwermut und Lieblichkeit, beides zusammen ist der Charakter der Landschaft. Inmitten einer so gewaltigen Natur herrscht in unserem Inneren nur Friede und Ruhe. Ja noch mehr, in der Einsamkeit dieser Berge wundert man sich weniger über die neuen Eindrücke, die man bei jedem Schritt erhält, als darüber, daß die verschiedensten Klimate so viele Züge miteinander gemein haben....Abends, wenn der Himmel auf Regen deutet, schallt das eintönige Geheul der roten Brüllaffen durch die Luft, das dem fernen Brausen des Windes im Walde gleicht. Aber trotz dieser unbekannten Töne, dieser fremdartigen Gestalten der Gewächse, aller dieser Wunder einer Neuen Welt, läßt doch die Natur den Menschen allerorten eine Stimme hören, die in vertrauten Lauten zu ihm spricht.“

Alexander von Humboldt „Südamerikanische Reise“

Inhaltsverzeichnis

1. Einleitung

„Schreibe, wie die Wolken sich zusammenballen und auflösen, und welche Ursache die Wasserdämpfe von der Erde in die Luft hebt, und die Ursache von Nebel und trüber Luft, ... und also schreibe von den Schichten der Luft und von der Ursache des Schnees und des Hagels..."

Leonardo da Vinci (1452 - 1519)

Aus meteorologischer Sicht versteht man unter Niederschlag das aus der Atmosphäre in flüssiger oder fester Form ausgeschiedene Wasser. Sind bestimmte Voraussetzungen erfüllt (viel Wasserdampf in der Atmosphäre, Labilität, Aerosolteilchen als Kondensationskerne), so bilden sich Wolken. Die Wolkenpartikel können sehr unterschiedlich sein, was ihre Größe, Form, chemische Zusammensetzung angeht (Hand, 1996). Sind die Voraussetzungen günstig, so können Wolkentröpfchen oder Eiskristalle durch Kondensation, Gefrieren und Kollisionen anwachsen. Der Radius der Wolkentröpfchen ist kleiner als 50 µm. Durch den Zusammenschluß einzelner Wolkentröpfchen und/oder Eiskristalle wachsen diese an. Werden die Partikel schwerer, so beginnen sie zu fallen. Ungefähr ab der mittleren Höhe der Wolke abwärts kann man von Niederschlag und Niederschlagströpfchen reden (Hand, 1996). Je nach ihrer Masse und Entstehungshöhe können die Niederschlagströpfchen mit unterschiedlichen Geschwindigkeiten ausfallen. Der Radius der am Boden auftreffenden Regentropfen kann nach Kopp (1997) zwischen 200 µm und 20 mm liegen. Das Auftreten von Regentropfen mit einem größeren Radius ist sehr unwahrscheinlich.

Bei der Entstehung des Niederschlags spielen Prozesse von der Skala der Wolkentröpfchen bis zu Frontalsystemen eine Rolle, d.h. ein Bereich von 13 Größenordnungen. Die hohe Variabilität der Niederschläge spiegelt sich auch in dem Beobachtungsschlüssel des Deutschen Wetterdienstes wider, welcher 27 verschiedene Formen von Regen und 18 verschiedene Formen von Schnee aufführt (Tetzlaff, 1984).

Die meisten Niederschlagsmeßsysteme registrieren die gefallenen Regentropfen auf Bodenhöhe. Bei den Tropfenzählern z.B. werden auf digitalem Wege einzelne, standardisierte Tropfen gezählt. Bei dem Hellmann-Schreiber wird durch das gesammelte Regenwasser ein Schwimmer angehoben, dessen Bewegungen eine Schreibfeder aufzeichnet. Im Gegensatz dazu erfaßt das Regenradar den Niederschlag volumenmäßig in einer gewissen Höhe, bevor er den Erdboden erreicht.

Aus hydrologischer Sicht spielt der Niederschlag im Wasserkreislauf die Rolle der Eingangsgröße. Durch den Niederschlag wird das Wasser geliefert, welches als Oberflächenabfluß abfließen, von Pflanzen aufgenommen oder durch Infiltration im Boden versickern kann. Durch Evaporation (Pflanzen) und Transpiration gelangt das Wasser wieder in die Atmosphäre, so daß der Kreis sich schließt. Für viele hydrologische Untersuchungen, wie z.B. zur Berechnung des Abflusses, der Hochwasservorhersage, für wasserwirtschaftliche Planungen allgemein werden Niederschlagsdaten als Datenbasis benötigt. Naheliegend ist die direkte Messung der Niederschläge. Die Meßdaten können jedoch nicht immer alle Anforderungen erfüllen: sie sind zeitlich begrenzt, manchmal lückenhaft, sie haben eine bestimmte, zeitliche Auflösung (meist technisch bedingt), es gibt große Gebiete, wie z.B. die Ozeanoberflächen, wo kaum Messungen vorgenommen werden..... Zusätzlich zu den realen Messungen gibt es

Niederschlagsmodelle, zur Generierung synthetischer Niederschlagsreihen. In der Literatur findet sich eine Vielzahl von Niederschlagsmodellen, die, je nach vorausgesetzten Prozeßannahmen, dem Verwendungszweck, der angepaßten Skala usw. variieren.

Im Gebiet der Niederrheinischen Bucht und deren Nachbargebieten wurden im Rahmen des Sonderforschungsbereichs 350 (im weiteren Verlauf SFB 350 genannt) Untersuchungen zur gegenseitigen Beeinflussung der Erdoberfläche durch Atmosphäre und Biosphäre durchgeführt.

Der Wasserhaushalt spielt eine entscheidende Rolle bei Prozessen des Stofftransports, des Stoffaustauschs und der Stoffumwandlung. Im Untersuchungsgebiet sind Starkregen und Stürme die bedeutendsten atmosphärischen Erosionsantriebe. Umgekehrt wirkt das Relief auch auf die Bewegung der Luftmassen. "Abrupte Eigenschaftsänderungen des Bodens werden von Luftströmungen gespürt und beeinflussen die daran gekoppelte Thermodynamik." (Universität Bonn, 1990) Solche Eigenschaftsänderungen können in diesem Gebiet zum Beispiel die geographische Höhe (Rheinaue zu Ville oder Bergischem Land) sein, oder der Unterschied zwischen Stadt und Land (dicht bebaute Gebiete zu eher schwach besiedelten). Ein angestrebtes Ziel ist die Ermittlung der systematischen Beeinflussung der Konvektion durch solche Eigenschaftsänderungen und deren "Abbild" im Muster der Niederschlagsmeßdaten (Universität Bonn, 1990).

Besonders in einer so dicht besiedelten und hochindustrialisierten Region wie der Köln-Bonner Bucht kommt der gebietshydrologischen Bilanzierung eine besondere Bedeutung zu. Sie ist Grundlage für eine adäquate Bewirtschaftung und soll in Form hydrologischer Modelle erhöhte Abflußraten der Flußsysteme sowie die Beeinträchtigung der Grundwasserneubildung in trockenen Sommern voraussagen können.

Für solche Zwecke ist es wichtig, neben der Niederschlagsmenge auch deren räumliche und zeitliche Verteilung zu kennen. Die räumliche Verteilung des Niederschlags kann selbst innerhalb eines Stadtgebietes sehr ungleichmäßig sein. Auch die Dauer und Intensität weisen große Schwankungen auf. Vor allem in städtischen Gebieten reicht manchmal schon eine Gewitterfront um einen erhöhten Abfluß auszulösen (Giesecke und Meyer, 1984).

Die Verteilung der Niederschläge im Jahresgang, wie auch deren räumliche Verteilung sind ausschlaggebend für weite Tätigkeitsbereiche, von der Landwirtschaft bis zu der Versorgung mit Trinkwasser. Die Verteilung der Niederschläge ist wirtschaftlich betrachtet von größter Bedeutung. Seit den Anfängen der menschlichen Kultur beeinflußt die Verteilung der Niederschläge das menschliche Leben. Vor allem die extremen Fälle wie Dürre und sehr große Niederschlagsmengen, die zu Überschwemmungen führen, haben katastrophale Auswirkungen (Kogan, 1997; Hoyt und Langbein, 1955; Cornford, 1996). In der Zukunft wird mit einer Verschlimmerung der Überschwemmungsgefahr in bestimmten Gebieten gerechnet: die Analyse der Niederschläge von 1910 bis 1996 in der USA und Modellrechnungen sprechen dafür, daß die Niederschlagsmenge steigen wird. Vor allem wird mit einem Anstieg der Starkniederschlagsereignisse gerechnet (Changnon, 1998; Karl und Knight, 1998).

Das Hauptziel dieser Arbeit ist die Suche und Analyse von zeitlich und räumlich hoch aufgelösten Niederschlagsmustern. Diese Muster sollen die Grundlage von kleinskaligen Niederschlagsmodellen bilden. Skala hat in diesem Zusammenhang die Bedeutung von einem Maß-stab, der angesetzt wird, um die Niederschlagsphänomene zu beschreiben.

Das Untersuchungsgebiet umfaßt die beiden Stadtgebiete von Bonn und von Köln. Ver-wendet werden die Registrierungen von 16 bzw. 18 Meßstationen. Wegen Ausfällen der Meßgeräte ist der Beobachtungszeitraum der beiden Stadtgebiete nicht identisch (Juni-August 1994 und Juni 1995 für Bonn; Juni-August 1995 und Juni 1996 für Köln). Nur für einen Mo-nat liegen Meßdaten aus beiden Stadtgebieten gleichzeitig vor; jedoch reicht dieser Monat aus, um die große, räumliche Variabilität der Niederschläge zu dokumentieren. Die Nieder-schlagsdaten anderer Meßstationen können nicht einfach als „Lückenbüßer" verwendet wer-den, da sich die räumliche oder zeitliche Auflösung anderer Meßnetze von der, der Kölner und Bonner Daten unterscheidet. Auch vom geographischen Gesichtspunkt würde das Da-tenmaterial dadurch heterogen.

Räumlich gehört das Untersuchungsgebiet zur Meso-γ-Skala, mit einer Längenskala von 2 bis 20 km (Orlanski, 1975). In diesen Skalenbereich fallen der Stadteffekt und die Gewitter-zellen.

Die zeitliche Auflösung liegt für die Bonner Daten, die mit einem Hellmann-Schreiber re-gistriert wurden, bei 5 Minuten. Die Kölner Daten (mit Tropfenzählern gemessen) liegen ur-sprünglich in einer Auflösung von einer Minute vor. Um mit einer einheitlichen Auflösung zu arbeiten, wurden die Kölner Daten zu 5-Minutensummen addiert.

Die große Variabilität der Niederschläge zeigt sich selbst in dem kurzen, in dieser Arbeit untersuchten Zeitraum. Im Sommer 1995 gab es im Stadtgebiet von Köln eine Dürreperiode[1] und ein extrem heftiges Niederschlagsereignis mit einem lokalen Maximum von 80 mm Re-gen. Eine ausführliche Charakterisierung des Wettergeschehens des betrachteten Zeitraums findet sich im Kapitel 2. Dort werden die verwendeten Meßsysteme und ihre Fehleranfällig-keit beschrieben sowie unterschiedliche Methoden der Qualitätskontrolle von Niederschlags-daten vorgestellt.

Meteorologische Modelle haben Schwierigkeiten mit der Modellierung und Vorhersage von Niederschlag, da dieser starken Schwankungen unterworfen ist. Vor allem beim Über-gang von Klimamodellen zu zeitlich kleinskaligen Modellen bereitet die Quantifizierung des Niederschlags Probleme. Die Erhöhung der Auflösung existierender Modelle muß nicht un-bedingt zu verbesserten Ergebnissen führen. Um regionale Besonderheiten zu erfassen, sind andere Modelle und Verfahren nötig (Frey-Buness, 1993).

Deswegen bieten die Niederschlagsmodelle eine interessante Alternative. Die hier unter-suchten Modelle sind mathematisch-statistische Konstrukte, welche auf der Theorie des Pois-son-Prozesses beruhen. Der Poisson-Prozeß setzt für unterschiedliche Modellgrößen be-stimmte Verteilungen voraus. Die Modellgrößen, wie die Zahl der Ereignisse, deren Dauer, die gefallene Niederschlagsmenge beschreiben den simulierten Niederschlag. Jeder dieser Modellgrößen wird eine Wahrscheinlichkeitsverteilung (per definitionem oder empirisch) zugeordnet. Die statistischen Parameter dieser Verteilungen werden im weiteren Verlauf Mo-

---

[1] Nach Westermann Lexikon der Geographie (1986) wird ein Zeitraum von mindestens 14 Tagen ohne Nieder-schlag als Dürreperiode bezeichnet.

dellparameter genannt. Im Poisson-Prozeß wird die Zahl der Ereignisse als poissonverteilt und ihre Dauer meistens als exponentialverteilt angenommen. Mit diesen Voraussetzungen (Festlegung der Modellgrößen und ihrer Verteilungen) werden die mathematischen Modellgleichungen aufgestellt. Die Modellgleichungen dienen der Berechnung statistischer Momente, wie Mittelwert, Varianz, Kovarianzen. Mittels dieser Gleichungen werden die Modellparameter berechnet und damit kann das Modell die eigentlichen Ergebnisse produzieren: z.B. die simulierte Autokovarianzfunktion. Erst anhand dieser Ergebnisse wird überprüft, wie diese mit den zugrundeliegenden, empirischen Beobachtungen übereinstimmen. Verlangt wird einerseits, daß die Informationen, welche in das Modell einfließen, durch das Modell unverändert wiedergegeben werden. Andererseits zeigt sich an der Wiedergabequalität der, dem Modell nicht explizit angegebenen Werte, erst seine ganze Stärke. Zeigt die theoretisch berechnete Autokovarianzfunktion einen ähnlichen Verlauf wie die empirische Autokovarianzfunktion der realen Daten, so wird angenommen, daß das Modell den Niederschlagsprozeß gut wiedergibt.

Die meisten Modelle gelten für Stunden,- Tages- oder Monatsskalen. Mathematisch kann die Auflösung in ihren Gleichungen leicht verändert werden.

Gewünscht wird außerdem, daß ein Modell in der Lage sei, mit einem Parametersatz unterschiedliche Skalen modellieren zu können. Die praktische Bedeutung dieser Eigenschaft wäre nicht zu unterschätzen. Mittels eines geeigneten Modells wäre es dann möglich, daß beispielsweise Tagessummen des Niederschlags beobachtet und damit die Modellparameter bestimmt werden. Theoretisch, könnten dann mit diesen Parametern und den Modellgleichungen Informationen auf der Stunden- oder der Monatsskala gewonnen werden. Praktisch sind jedoch die Ergebnisse der tatsächlichen Modelle für andere Zeitskalen leider mäßig. Vor allem für die 5-Minutenskala finden sich viele Besonderheiten, so daß vermutlich für jede Skala ein eigener Parametersatz die besten Ergebnisse liefern sollte.

Als Kompromiß zwischen meteorologischer Beobachtung und statistischer Theorie werden spezifische Eigenschaften realer Daten sehr hoher räumlicher und zeitlicher Auflösung analysiert und die Modelle entsprechend modifiziert (siehe Kapitel 4). Um statistisch vertretbare Aussagen machen zu können, wird für die empirischen Verteilungen durch Mittelung über alle enthaltenen Stationen eine mittlere, repräsentative Verteilung für die beiden Stadtgebiete von Bonn und Köln berechnet. Diese mittlere Verteilung ist die Grundlage der neuen, modifizierten Modelle. Modifiziert wird dabei die Verteilung der Zahl der Ereignisse, bzw. Zellen[2] pro Ereignis sowie die, der gefallenen Menge.

Für die Zahl der Ereignisse wird die geometrische Verteilung angenommen, da diese der empirischen Häufigkeitsverteilung der realen Daten näher kommt als die Poisson-Verteilung. Die, mit den modifizierten Modellen simulierten Niederschläge entsprechen keinem reinen Poisson-Prozeß mehr. Vielmehr können sie als Ergebnis einer Überlagerung mehrerer Poisson-Prozesse mit unterschiedlichen Parametern angesehen werden, was im vierten Kapitel ausführlich besprochen wird. Der direkte Vergleich der Ergebnisse der ursprünglichen und der modifizierten Modelle zeigt deren Stärke.

---

[2] Die Definition der Zellen und Ereignisse findet sich im dritten Kapitel.

Die statistische Untersuchung der Daten setzt zu allererst die Definition unabhängiger Ereignisse voraus. Die Problematik der Unabhängigkeit von aufeinanderfolgenden Ereignissen wird im Kapitel 3 erörtert. Die Beschreibung und Herleitung der Niederschlagsmodelle folgt im Kapitel 4. Hier finden sich auch Untersuchungen über den Einfluß der Wetterlage auf die Niederschlagstätigkeit, anhand von separater Betrachtung von Gewitterereignissen. Die Ergebnisse der Niederschlagsmodelle und ihre Bewertung findet sich in Kapitel 5.

Außer den zeitlichen Untersuchungen werden mit Methoden der Cluster-Analyse und eines Regionalisierungsverfahrens räumliche Muster gesucht (Kapitel 6). Am Beispiel eines ausgewählten Ereignisses (27.7.1995) wird der direkte Vergleich der räumlich-zeitlichen Entwicklung, wie sie sich im Bodenmeßnetz darstellt und der Radarbilder des gleichen Ereignisses vorgenommen. Hier wird auch die Frage erörtert, ob in den vorliegenden Daten ein Stadteffekt erkennbar ist. Dazu werden die Daten auf einen möglichen Wochentrend hin untersucht. Die Untersuchung des Tagesganges der Niederschläge bietet weitere interessante Untersuchungsansätze.

2. Datenmaterial

„Abgesehen von England, wo es seit den Zeiten Wilhelms des Eroberers zum guten Ton gehört, sich sogar in recht kritischen Situationen angeregt über das Klima zu unterhalten, wird nirgends auf der Welt so viel über dieses Thema geredet, wie in Bonn. Besonders in den Sommermonaten klagen beispielsweise selbst sehr kräftige Studenten darüber, daß es ihnen aus klimatischen Gründen nicht mehr möglich ist, auch nur ihren Füllfederhalter zu bewegen, und viele Neubonner mittleren Alters fühlen sich sogar ausgesprochen kreislaufgefährdet.“

Herbert von Nostitz

In dieser Arbeit werden die Niederschlagsdaten von zwei dichten, städtischen Meßnetzen verwendet: der Städte Bonn und Köln (Abb.2.1 und 2.2). Die verwendeten digitalen Daten bzw. Meßstreifen wurden von Bonn (Tiefbauamt) und von Köln (Stadtwasseramt) zur Verfügung gestellt.

Beide untersuchten Städte liegen am Rhein, mit Meßpunkten sowohl am rechten als auch am linken Rheinufer. Dabei berühren die westlichen Stadtgebiete Bonns die Ausläufer der Ville; die östlichen Gebiete liegen bereits im Anstiegsgebiet zum Siebengebirge und Bergischen Land. Die höchstgelegene Meßstation Bonns liegt am Venusberg auf 177 m Höhe. Am tiefsten liegt Vilich (50 m) im Norden Bonns im Rheintal. Während Bonn etwas eingeklemmt im „Köln-Bonner Kessel" liegt, ist das Stadtgebiet von Köln offener und flacher. Zwischen den einzelnen Meßstationen gibt es hier kaum Höhenunterschiede. Köln ist Industriestandort und hier leben ca. eine Million Menschen. Bonn hat eine geringere Einwohnerzahl und weist auch keine vergleichbaren Industrieanlagen auf. Besonders in Hinblick auf den Stadteffekt ist zu prüfen, ob dieser Unterschied bedeutsam ist. Die Problematik des Stadteffekts wird im fünften Kapitel beschrieben.

Unterschiedlich sind auch die in beiden Stadtnetzen benutzten Meßgeräte: Hellmann-Niederschlagsschreiber in Bonn und automatische Tropfenzähler in Köln. Die vorliegenden Registrierkurven der Hellmann-Schreiber wurden von Hand in Abständen von je 5 Minuten abgelesen und digitalisiert. Dieses ist die höchste, sinnvolle zeitliche Auflösung, die ein Niederschlagsschreiber ermöglicht (Giesecke und Meyer, 1984). Die Tropferdaten hatten ursprünglich eine höhere Auflösung (1 Minute). Um eine einheitliche zeitliche Auflösung zu gewährleisten, werden die Tropferdaten zu 5-Minutensummen addiert. Somit liegt die einheitliche, zeitliche Auflösung aller verwendeten Daten bei 5 Minuten. Diese Auflösung reicht aus, um einzelne Niederschlagszellen zeitlich aufzulösen. Für das Bonner Stadtgebiet liegt der mittlere Abstand zwischen zwei Stationen bei ca. 4 km und für das Stadtgebiet von Köln bei ca. 5 km. Für jedes Stadtgebiet liegen 20 Meßpunkte vor. Jedoch sind die Daten einiger Stationen unvollständig oder fehlerhaft, so daß nicht alle Meßreihen verwendet werden können (siehe dazu Kap.2.1). Die Beurteilung der Qualität und die Abwägung, welche Meßreihen für die weiteren Untersuchungen geeignet sind, bilden den Schwerpunkt dieses Kapitels.

Dazu werden einerseits bekannte Prüfroutinen angewandt, die allerdings zur Kontrolle von Niederschlagsdaten größerer Skalen konzipiert sind (Kap.2.2). Im Fall der 5-Minutensummen können damit nur sehr grobe Unstimmigkeiten entdeckt werden. Deswegen wird andererseits untersucht, ob zur Kontrolle dieser Daten das Kalman-Filter eine Alternative darstellt (Kap.2.3).

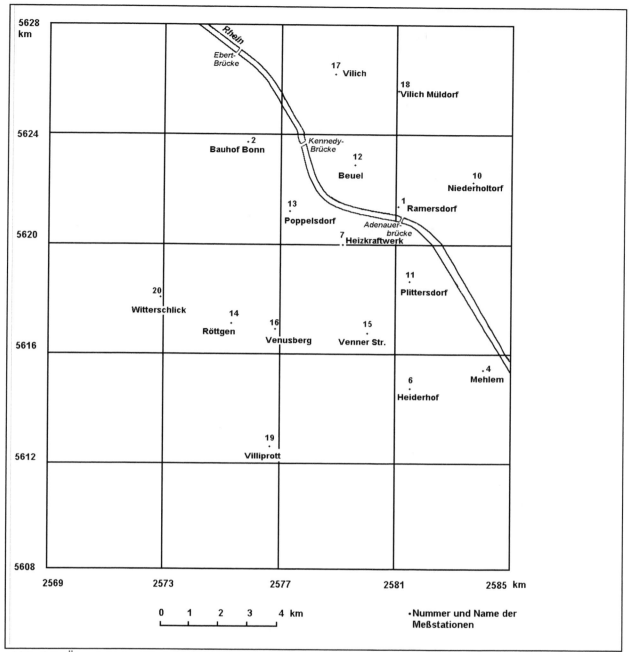

Abb. 2.1: Übersicht der Niederschlagsstationen der Stadt Bonn. Angegeben sind der Name und die Nummer der Meßstationen. Zur Orientierung sind die Gauß-Krüger-Koordinaten und der Rhein angegeben.

Der Untersuchungszeitraum sollte lang genug sein, um eine repräsentative Stichprobe zu erhalten. Um den Einfluß jahreszeitlicher Trends auszuschließen, wird diese Untersuchung auf eine Jahreszeit, nämlich den Sommer beschränkt. Damit erhöht sich die Chance, neben frontalen Niederschlagsereignissen auch möglichst viele konvektive Ereignisse zu erfassen, da im Sommer durch die höhere Temperatur die Bedingungen für die Konvektion der Luftmassen (Luftversetzung in vertikaler Richtung) am günstigsten sind. In der Regel sind konvektive Niederschläge kurz und heftig und begrenzen sich auf relativ kleine Flächen und kurze Zeiten (Giesecke und Meyer, 1984). Auch im Zusammenhang mit Fronten können sich heftige Schauer und Gewitter bilden (meist an der Kaltfront). Im Bereich der Warmfront registriert man oft Niederschläge von geringer bis mäßiger Intensität und langer Dauer. Um möglichst unterschiedliche Niederschlagsereignisse (frontale und konvektive) untersuchen und vergleichen zu können, wurden die Daten der Sommermonate ausgewählt. Jedoch ist anzumerken, daß im Untersuchungsgebiet die unterschiedlichen Niederschlagstypen kaum in ihrer Reinform auftreten.

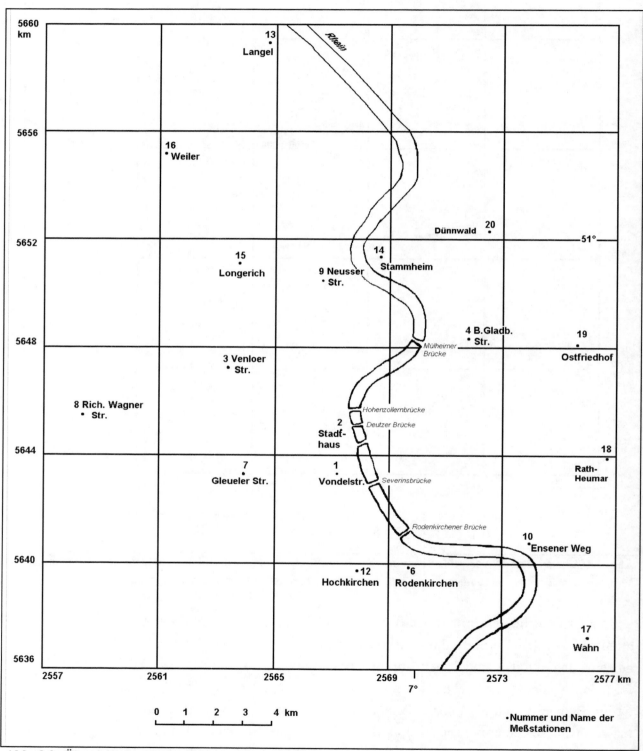

Abb. 2.2: Übersicht der Niederschlagsstationen der Stadt Köln. Angegeben sind der Name und die Nummer der Meßstationen. Zur Orientierung sind die Gauß-Krüger-Koordinaten und der Rhein angegeben.

Die Bonner Daten wurden für den Zeitraum Juni bis August 1994 und Juni 1995 digitalisiert. Leider fehlen für den Sommer 1994 die Meßwerte des Stadtwasseramtes Köln. Verwendet werden die Kölner Daten für den Zeitraum Juni bis August 1995 und Juni 1996.

Die monatsweise Untersuchung der Temperatur und der Niederschlagssummen der DWD-Station Köln-Bonn-Flughafen der betrachteten Zeiträume zeigt für die Bonner Daten (Tab. 2.1a), daß der Sommer 1994 wärmer war als der Durchschnitt. Die Summen des Niederschlags sind alle geringer als der langjährige Mittelwert, mit dem größten Defizit im August. Obwohl der Sommer 1994 sehr heiß war, kann er in der Betrachtung der Niederschläge als „normaler", trockener Sommer angesehen werden.

| Monat | Station Köln-Bonn-Flughafen | | | | Stadtgebiet Bonn |
| | Temperatur [°C] | | Niederschlag [mm] | | Niederschlag [mm] |
	30-jähriges Monatsmittel	aktuelles Monatsmittel	30-jähriges Monatsmittel	aktuelle Monatssumme	mittlere Monatssumme pro Station
Juni 1994	16.2	16.8	81	68	59.8
Juli 1994	17.7	22.2	89	87	65.6
August 1994	17.1	18.2	88	58	60.8
Juni 1995	16.2	15.1	81	71	61.0

a: Monatsmittel der Temperatur und des Niederschlags für Juni- August 1994 und Juni 1995 .

| Monat | Station Köln-Bonn-Flughafen | | | | Stadtgebiet Köln |
| | Temperatur [°C] | | Niederschlag [mm] | | Niederschlag [mm] |
	30-jähriges Monatsmittel	aktuelles Monatsmittel	30-jähriges Monatsmittel	aktuelle Monatssumme	mittlere Monatssumme pro Station
Juni 1995	16.2	15.1	81	71	64.6
Juli 1995	17.7	21.2	89	113	87.6
August 1995	17.1	19.6	88	16	17.6
Juni 1996	16.2	16.4	81	41	36.6

b: Monatsmittel der Temperatur und des Niederschlags für Juni- August 1995 und Juni 1996.
Tab. 2.1 Vergleich des 30-jährigen Monatsmittels der Temperatur mit dem aktuellen Monatsmittel der angegebenen Monate und Vergleich des 30-jährigen Mittels der Monatssumme der Niederschläge mit der aktuellen Monatssumme des Niederschlags für die Station Köln-Bonn-Flughafen sowie des über die Meßstationen des Stadtgebietes gebildeten Mittelwerts der Monatssumme des Niederschlags für Bonn (2.1 a) und Köln (2.1 b).

Für die Kölner Daten (Tab. 2.1 b) fällt die Niederschlagsmenge im August 1995 auf, wo nur 18 % der Durchschnittsmenge fiel. In diesen Monat fiel eine Dürreperiode mit 14 Tagen ohne Niederschlag. Im Juli 1995 entspricht zwar die über alle Kölner Stationen bestimmte mittlere Monatssumme dem langjährigen Mittelwert, doch brachte ein einziges Ereignis 57 % dieser Menge. Der Sommer 1995 ist im allgemeinen viel zu trocken, mit sehr wenigen, sehr heftigen Ereignissen.

Aus dem Vergleich der unterschiedlichen Wettersituation im Sommer 1994 und im Sommer 1995 ist zu erwarten, daß auch die Niederschlagsdaten dieser Zeitperioden ein unterschiedliches Verhalten zeigen.

2.1 Systemspezifische Fehler der verwendeten Meßgeräte

Zum Themenbereich der Niederschlagsmessung und der Meßfehler gibt es in der Literatur reichlich Untersuchungen. 1986 gab es dazu nach Larson bereits ca. 1600 Quellenangaben. Sehr ausführlich behandelt Sevruk die Problematik der Meßfehler (1981 und 1986). Deswegen sollen hier lediglich die systemspezifischen Fehler, d.h. die vom jeweiligen Meßgerät abhängigen Fehler und Auffälligkeiten besprochen werden, die sich auch auf die weitere Arbeit mit den Daten und die Interpretation der Ergebnisse auswirken. Bei diesen Untersuchungen muß berücksichtigt werden, daß die verwendeten Daten von städtischen Meßnetzen und nicht von Niederschlagsstationen des DWD (Deutscher Wetterdienst) stammen. Ausschlaggebend bei der Aufstellung der Meßgeräte sind städtische Interessen, wie die Kontrolle und Optimierung des Kanalnetzes. In den städtischen Meßnetzen sind die Meßgeräte vor allem auf dem Gelände von Wasserwerken, Kläranlagen, Friedhöfen und Feuerwachen aufgestellt.

2.1.1 Fehler des Hellmann-Schreibers

Der Hellmann-Schreiber zeichnet über ein mechanisches System die Summenlinie des Niederschlags auf. Seine aufwendige Mechanik kann zu diversen Meßfehlern führen (durch zu hohen Auflagedruck der Schreibfeder, Verklemmung des Gestänges, Undichtigkeiten im Auffanggefäß, Zeitfehler durch falschen Gang des Uhrwerks (Eßer, 1993). Dazu kann noch der Windfehler, Fehler durch Spritzwasser und Verluste durch Verdunstung kommen.

Ein Problem, das bei der Bearbeitung der Schreiberstreifen der Stadt Bonn häufig beobachtet wird, ist das Stehenbleiben des Uhrwerks zwischen den Wartungszeiten. Hin und wieder ist auch das Registrierband gerissen oder die Tinte ausgegangen. Diese Pannen führen zu einer Unterbrechung der Registrierkurve.

Beim Ablesen der Registrierstreifen fielen noch eine Reihe weiterer Unstimmigkeiten auf: Auf einigen Meßstreifen fehlt die genaue Zeitangabe des Bandwechsels. Auch das Uhrwerk wurde gelegentlich mitten im Beobachtungszeitraum ausgetauscht. Die Beschriftung der Bänder ist nicht immer eindeutig. Die gleiche Meßstation kann auf den Registrierstreifen der unterschiedlichen Monate mit bis zu drei unterschiedlichen Namen bezeichnet werden. Zum Beispiel wird ein und dieselbe Meßstation einmal „Landschaftsverband Rheinland" dann „Villemombler Straße" und schließlich „Lengsdorf" genannt.

Konstruktionsbedingt können mit Hellmann-Schreibern sehr kleine Niederschlagsmengen (<0.1 mm) nicht erfaßt werden (Eßer, 1993). Deswegen erwies sich das Ablesen kleiner Niederschlagsmengen als problematisch und in manchen Fällen verschwimmt offenbar der Übergang zwischen sehr geringen Niederschlagsintensitäten und eventuellen Pausen. Für lange Zeiträume wird ein sehr langsames Ansteigen der Registrierkurve beobachtet, deren Intensität mit <0.05 mm/h kleiner ist als die Genauigkeitsgrenze des Hellmann-Schreibers. Strenggenommen ist für diese Zeiträume keine Aussage möglich.

Die Frage drängt sich auf, ob es sich dabei um „echte" Niederschläge handelt, oder ob es eine Folge der Trägheit des mechanischen Regenschreibers ist. Diese Frage läßt sich beim Ablesen des Registrierbandes nicht beantworten (siehe als Beispiel in Abb.2.3.a das Verhalten der Zeitreihe im Bereich von 18 Uhr). Einige Ergebnisse jedoch vertiefen die Zweifel an diesen geringen Niederschlägen, vor allem die Untersuchung der Zelldauern im vierten Kapitel. (Hier wird auch die Zelldauer definiert.) Es ist möglich, daß bei dieser geringen Steigung der Registrierkurve einige Zellen mit dem bloßen Auge in der 5-Minuten-Auflösung nicht mehr getrennt werden können und deswegen als eine einzige Zelle gewertet werden. Wo sich diese geringen, aber lang anhaltenden Niederschläge deutlich bemerkbar machen, ist die Zelldauer. Diese ist für die Bonner Daten mit einem Mittelwert von 2.18 h sehr groß. Dieser Wert ist ca. 10 mal größer als die mittlere Zelldauer der mit Tropfern gemessenen Kölner Daten.

Auch die Zahl der registrierten Niederschlagszellen scheint dadurch beeinflußt zu werden. Wenn solch ein langsamer, gleichmäßiger Anstieg zwischen zwei „echten" Zellen auftritt, erscheinen diese dadurch verbunden. Sie werden folglich als eine einzige Zelle gewertet und die ihr zugeordnete Zelldauer umfaßt den Zeitraum: Zelle1 + langsamer Anstieg + Zelle2.

Die mittlere Zahl der Zellen pro Tag ist mit 2.079 für die Bonner Daten geringer als die von Köln (2.617 Zellen pro Tag). Die während der fraglichen Zeit registrierten Niederschläge sind von der Menge her vernachlässigbar gering, spielen folglich in der Gesamtmenge der Meßstationen keine Rolle. Diese Ergebnisse sprechen dafür, daß beim Hellmann-Schreiber einzelne Zellen in einigen Fällen nicht erkannt und getrennt werden können. Wie in Kapitel 4 ausführlich gezeigt wird, kann die Häufigkeitsverteilung der Menge als Pareto-verteilt angenommen werden. Vorteilhaft ist, daß durch die Anpassung dieser Verteilung automatisch ein unterer Grenzwert der Menge bestimmt wird, ab welchem die Verteilung gilt. Dadurch werden die Zellen mit einer kleineren Menge aussortiert. Der empirisch gefundene Wert dieses Grenzwerts liegt bei 0.45 mm/Zelle für die Bonner Daten und bei 0.35 mm/Zelle für die Kölner Daten.

2.1.2 Fehler der Tropfer (Tropfenzähler)

Bei der Niederschlagsmessung mit dem Tropfer werden die Niederschläge in einem Auffangtrichter gesammelt und in einen Tropfenformer geleitet. Dort werden aus dem Regenwasser künstliche Tropfen mit definierter Masse (ca.0.1g) gebildet (Großklaus, 1996). Wenn die Tropfen diese Masse erreicht haben, fallen sie durch eine Lichtschranke (Photozelle), wo sie gezählt werden. Jeder einzelne, dieser standardisierten Tropfen wird digital erfaßt. Von Vorteil ist, daß damit auch sehr geringe Niederschlagsmengen aufgezeichnet werden können. Die zeitliche Auflösung beträgt eine Minute.

Problematisch ist hier jedoch die Messung starker Niederschläge. Beim raschen Fall einer großen Wassermenge, bilden sich im Tropfenformer keine einzelnen, erkennbaren Tropfen mehr, sondern ein Strahl. Deswegen ist es möglich, daß bei stärkeren Niederschlägen die Registrierung fehlerhaft wird und es dann so aussieht als wäre der Regen unterbrochen. Diese kritische Niederschlagsintensität wird mit etwa 60 mm/h (Großklaus, 1996 und Hasse et al., 1998) und etwa 2 mm/Min. (Eßer, 1993) angegeben. Während eines Gewitterereignisses am 27.7.1995 registrierten zwei Stationen (Rodenkirchen und Weiler) innerhalb einer Minute eine Niederschlagsmenge von 20 mm. Da dieses ein besonders heftiges Ereignis ist und auch andere Stationen bei Werten von ca. 10 mm/Min. liegen, scheint die Größenordnung des Wertes plausibel. Trotzdem bleiben Zweifel, ob diese großen Werte korrekt sind, da in der Minute davor und der danach an den betreffenden Stationen kein Niederschlag fiel.

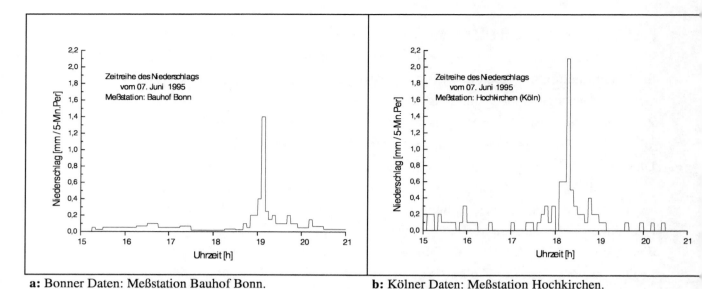

a: Bonner Daten: Meßstation Bauhof Bonn.   b: Kölner Daten: Meßstation Hochkirchen.
Abb. 2.3: Beispiele für Zeitreihen aus Bonn und Köln für den 07.06 1995, 15 bis 21 Uhr.

Betrachtet man die Kölner Daten, so fällt ihr „sprunghafter" Charakter auf. Selbst die Summierung der 1-Minutenwerte zu 5-Minutensummen ändert nichts daran: über 60% der Kölner Zellen haben eine Dauer von höchstens 5 Minuten. In der Regel bestehen die Kölner Niederschlagsmessungen aus einer raschen Folge von ganz kurzen Zellen und kurzen Pausen (siehe als Beispiel Abb.2.3.b im Bereich von 20 Uhr). Vergleicht man dieses Aussehen z.B. mit den Registrierkurven des Hellmann Schreibers, so gewinnt man den Eindruck, die mit den Tropfern registrierten Datenreihen seien „zerstückelt" worden. Abbildung 2.3 zeigt dieses unterschiedliche Verhalten der Bonner und Kölner Zeitreihen anhand der Niederschlagskurven vom 07. Juni 1995. Um regionale Unterschiede zwischen den Kölner und Bonner Daten möglichst zu minimieren, wurden für die Abb.2.3 möglichst nahe beieinander liegende Stationen ausgewählt: eine der südlichsten Stationen von Köln und eine der nördlichsten von Bonn. Nach der Berliner Wetterkarte lag an diesem Tag ein Tiefdruckgebiet über der Nordsee und die Maximaltemperatur im Bereich der Köln-Bonner Bucht war ca. 18° C.

Bei sehr schwachen Niederschlägen kann es u.U. durch Adhäsionskräfte länger dauern bis die definierte Tropfenmenge aus dem Auffangtrichter in den Tropfenformer gelangt. Auch wenn in diesem Fall die Bildung eines Tropfens eine größere Zeitdauer benötigt, wird der entstandene Tropfen genau der Minute zugeordnet, in der er aus dem Tropfenformer fällt. Diese Zeitangabe entspricht jedoch nicht dem realen Regenzeitpunkt. Offensichtlich kann es bei den Tropfern im Falle leichter Niederschläge, wie z.B. Sprühregen zu einer verzögerten Registrierung kommen und dadurch zum Aufteilen und Verkürzen der Zellen führen. Das bedeutet, daß bei Niederschlagsmessungen mit dem Tropfenzähler im Falle großer und kleiner Niederschlagsintensitäten der gleiche Effekt auftreten kann, nämlich die Zerstückelung der Meßreihe in kurze, unzusammenhängende Zellen.

Dieses Problem könnte u.U. durch den Übergang zu einer größeren Zeitskala (Filtern) abgeschwächt werden. Auch in dieser Arbeit werden nicht die einminütigen Rohdaten verwendet, sondern deren 5-Minutensummen, und selbst diese werden nach bestimmten Gesichtspunkten weiter zusammengefaßt, wie im folgenden Kapitel beschrieben.

Die Meßgenauigkeit der Tropfer wird durch das Windfeld beeinflußt; sie sollten deswegen möglichst geschützt und ebenerdig aufgebaut werden. Betrachtet man die Lage der Niederschlagsmeßstationen von Köln (Tab.2.2), so fällt auf, daß nicht alle Meßgeräte auf Geländehöhe (Bodenniveau) installiert sind. Einige Stationen, vor allem im Innenstadtbereich befinden sich in einer Höhe von bis zu 20 m über dem Gelände, vermutlich auf Gebäuden.

Nr.	Stationsname	Lage bezüglich Bodenniveau
1	Vondelstr.	ca. 20 m ü. Gel.
2	Stadthaus	ca. 20 m ü. Gel.
3	Venloer Str.	ca. 3 m ü. Gel.
4	Berg.-Gladb.-Str.	ca. 7 m ü. Gel.
5	Gießener Str.	ca. 10 m ü. Gel.
6	Rodenkirchen	ca. 4 m ü. Gel.
7	Gleueler Str.	ca. 3,5 m ü. Gel.
8	Rich.-Wagner-Str.	ca. 5 m ü. Gel.
9	Neusser Str.	Geländehöhe
10	Ensener Weg	Geländehöhe
11	-	-
12	Hochkirchen	Geländehöhe
13	Langel	Geländehöhe
14	Stammheim	Geländehöhe
15	Longerich	ca. 3 m ü. Gel.
16	Weiler	Geländehöhe
17	Wahn	Geländehöhe
18	Rath-Heumar	Geländehöhe
19	Ostfriedhof	Geländehöhe
20	Dünnwald	Geländehöhe

Tab. 2.2: Liste der Niederschlagsmeßstationen der Stadt Köln und ihre Lage bezüglich des Bodenniveaus.

Im „Handbook of Meteorological Instruments" (1956) wird ausdrücklich darauf hingewiesen, daß Regenmesser keinesfalls auf Terrassen, Wänden oder Dächern aufzustellen sind, sondern am Boden. Begründet wird diese Anweisung durch den steigenden Windfehler bei ungünstiger, exponierter Lage. Das Windfeld wird schon durch den Regenmesser gestört, weitere Objekte in dessen Nähe (Bäume, Gebäude...) können diesen Fehler vergrößern. Auch spätere Untersuchungen empfehlen, Niederschlagsmesser so bodennah wie möglich aufzustellen (Larson, 1986).

Nach Sevruk (1986) ergeben sich deutliche Unterschiede bei Niederschlagsmessungen in unterschiedlichen Höhen über dem Boden, selbst wenn gleichartige Meßgeräte verwendet werden. Vergleichsmessungen zeigen, daß ein auf dem Dach in 28 m Höhe angebrachtes Meßgerät im Jahresmittel 27 % weniger Niederschlag registrierte als das Referenzgerät (Golubev, 1986). Dabei ist der Unterschied im Winter am größten (Januar: 68 %) und im Sommer am geringsten (August: 11 %).

Der Unterschied und folglich auch der Fehler hängt im wesentlichen von der Windgeschwindigkeit und von der Niederschlagsmenge ab. Ist diese kleiner als 3 mm/Tag so ist der

Unterschied in der Regel größer (Sevruk,1986). Zum Beispiel gibt Großklaus (1996) bei einer Anströmgeschwindigkeit von 10 m/s für konventionelle Regensammler Korrekturfaktoren von 1.09 für Niederschläge von 10 mm/h und von 2.34 für Niederschläge von 0.1 mm/h an. Das heißt, die korrigierten Werte können ein Vielfaches der Meßwerte ausmachen.

Diese Überlegungen zeigen, daß für die Kölner Daten eventuell eine Korrektur in Abhängigkeit von der Stationshöhe über dem Bodenniveau, der Niederschlagsrate und der Windgeschwindigkeit sinnvoll wäre. Es gibt in der Literatur zwar Kontrollroutinen und Korrekturfaktoren für den Windfehler, allerdings gelten sie für Stunden- oder Tagessummen. Da die Windgeschwindigkeit im Stadtbereich sehr stark variieren kann und keine Windmessungen an den Niederschlagsstationen vorliegen, wird auf eine entsprechende Korrektur der Kölner Daten verzichtet.

Möglicherweise lassen sich resultierende, regionale Unterschiede (siehe Kapitel 6) auf die unterschiedliche Lage der Niederschlagsmesser bezüglich Bodenniveau und Windexposition zurückführen. Außerdem halten sich in Tropfern gerne Spinnen auf, die einen Dauerimpuls auslösen können (Eßer,1993).

2.2 Qualitätskontrolle der Niederschlagsdaten

Zur Kontrolle und der Korrektur eventuell fehlerhafter Niederschlagsdaten finden sich für großskalige Niederschlagsdaten (Tages,- Monats- und Jahressummen) reichlich Anweisungen und Kontrollroutinen (Allen, 1972; Bleasdale und Farrar, 1965; Bussières und Hogg, 1989; Craddock, 1979; Dahlström, 1973; Dahlström et al., 1980; Finger et al., 1985, Gomolka und Koenen, 1983; Gomolka und Mehley, 1983; Kalb, 1980; Müller und Rüffer, 1984). Für Stundensummen und kleinere Zeitintervalle des Niederschlags finden sich nur einzelne Hinweise (Zlate-Podani,1991). Näheres zur Methodik und Vorgehensweise der Qualitätskontrolle von Niederschlagsdaten findet sich bei Schilling und Steinhorst (1998).

Bedingt durch die unterschiedlichen Meßverfahren und Genauigkeiten wird die Qualitätskontrolle für die Bonner und die Kölner Daten unterschiedlich durchgeführt. Die Bonner Daten werden auf ihre Vollständigkeit und auf die zeitliche Korrektheit (Kap.2.2.1) überprüft. Die aus diesen Daten gebildeten Tages- und Monatssummen werden zusätzlich nach unterschiedlichen Kriterien geprüft (Kap.2.2.2).

Die Kölner Daten werden zu Monatssummen addiert und diese untersucht. An den Kölner Daten wird auch die Eignung des Kalman-Filters als Kontrollroutine für kleinskalige Niederschlagsdaten getestet (Kap.2.3).

2.2.1 Überprüfung der Vollständigkeit und Zeitkontrolle nach den DVWK[3] -Regeln

Für die Bonner Daten wird zu den Kontrollterminen (Monatsmitte und -ende) die Differenz der registrierten Uhrzeit und der vom Gerätebetreiber eingetragenen Zeitangabe berechnet. Ist diese Differenz kleiner als 24 Stunden, so werden die Meßreihen als vollständig angesehen. Geprüft werden für alle 20 Stationen die Meßreihen der vier untersuchten Monate, also insgesamt 80 Meßreihen. Nach dieser ersten Prüfung können 48 Meßreihen als vollständig angesehen werden. Diese Datenreihen werden weiteren Prüfungen unterzogen.

---

[3] Deutscher Verband für Wasserwirtschaft und Kulturbau e.V.

Für drei Stationen (Mehlem, Geislar, Hersel) findet sich keine einzige vollständige Meßreihe und für eine weitere Meßstation (Landschaftsverband Rheinland) ist eine einzige Reihe vollständig. Deswegen werden diese vier Stationen nicht weiter verwendet und sind auch in Abbildung 2.1 weggelassen worden. In der Tabelle 2.3, wo sich die Ergebnisse der Datenprüfung für das Stadtgebiet von Bonn finden, stehen diese Stationsnamen in Klammern.

Für Bandschreiber, die nicht täglich betreut werden, gilt nach den DVWK-Regeln zur Wasserwirtschaft (1989):

„Wenn an 5 aufeinanderfolgenden Tagen die registrierte Zeit gleichgerichtet um jeweils mehr als 10 Minuten von der richtigen Uhrzeit abweicht, ist der Betreuer umgehend zu informieren."

Falls diese Regel eingehalten wurde, ist also mit einer Zeitdifferenz von maximal ± 10 Minuten/Tag zu rechnen, das heißt, für einen Monat sind ca. 300 Minuten Differenz noch akzeptabel. Die Zeitkontrolle ist nur für die Bonner Daten erforderlich (Bandschreiber!) und die Größenordnung der hier erlaubten Abweichung gibt schon einen „Vorgeschmack" auf die zeitliche Genauigkeit der Bonner Daten. Da für die Kölner Daten die Zeitangaben als korrekt angesehen werden, entfällt hier die Zeitkontrolle.

Bei der Zeitkontrolle werden einige Warnungen ausgesprochen, wenn die Zeitdifferenz größer ist als die erlaubten 10 Minuten/Tag. Warnungen werden dann ignoriert, wenn die Registrierkurven der beanstandeten Stationen so verlaufen, wie die der akzeptierten Stationen. Wird hier zusätzlich auf den Schreiberstreifen der letzte Niederschlag etwa gleichzeitig registriert, so wird angenommen, daß das Uhrwerk nach dem letzten Niederschlag, erst einige Stunden vor der Wartung stehen geblieben ist und dadurch die auffällige Zeitdifferenz zustande kommt. Dieses Kriterium führt zum Ausschluß der Meßreihe vom August 1994 der Station Vilich.

2.2.2 Prüfung der Tages- und Monatssummen

Um die im weiteren Verlauf beschriebenen Kontrollroutinen anwenden zu können, werden Tages- bzw. Monatssummen aus den 5-Minutenwerten des Niederschlags gebildet. Nach Müller und Rüffer (1984) wird die **Monatssumme** jeder Meßstation mit dem Mittelwert der Monatssummen von bis zu 7 Vergleichsstationen verglichen und ein Sollniederschlag berechnet. Beträgt der untersuchte Wert wenigstens 50% und höchstens 200% des Sollniederschlags (= mittleren Vergleichswert) so wird er als unbedenklich angesehen, anderenfalls erfolgt eine Warnung. Diese Kontrollroutine wird im Anhang B.2 beschrieben. Die Prüfung der Monatssummen wird sowohl für die Bonner als auch für die Kölner Daten durchgeführt.

Nach Gomolka und Mehley (1983) werden die **Tagessummen** des Niederschlags mit klimatologischen Grenzwerten verglichen (abhängig von der geographischen Höhe und dem Monat). Wird dieser Grenzwert überschritten, so erfolgt eine Warnung.

Nach Müller und Rüffer (1984) wird, ähnlich wie bei den Monatssummen, für jeden Tag und jede Meßstation der „Sollniederschlag" berechnet. Zusätzlich wird für jeden Tag eine maximal tolerierbare Abweichung berechnet und damit das erlaubte Intervall angegeben (siehe Anhang B.2). Warnungen erfolgen, falls der untersuchte Wert außerhalb des erlaubten Intervalls liegt. Es wird auch dann eine Warnung ausgegeben, falls die untersuchte Station keinen Niederschlag meldet, aber alle anderen Stationen Niederschlag registriert haben. Dies gilt auch für den Fall, daß Niederschlag ausschließlich von der untersuchten Station gemeldet wird.

Für alle Prüfroutinen gilt, daß im Fall einer Warnung nachträglich entschieden werden muß, ob diese auch wirklich einen Meßfehler aufdeckt. Es ist möglich, daß stationsspezifische oder wetterbedingte Besonderheiten dafür verantwortlich sind und der beanstandete Wert folglich korrekt sein kann. Für die Bonner Daten, die mit Niederschlagsschreibern registriert wurden, wird auch eine Prüfung der Tagessummen unternommen.

Nr. der Station	Stationsname	Juni 1994 Tage	Juli 1994 Tage	August 1994 Tage	Juni 1995 Tage	Monate o.k.
1	Ramersdorf	1- 30	1- 31	1- 31	1- 30	4
2	Bauhof Bonn		1- 31	1- 31	1- 30	3
3	(Bechlinghoven)	-	-	-	-	-
4	Mehlem			1- 31	1- 30	2
5	(Geislar)	-	-	-	-	-
6	Heiderhof	1- 30	1- 31	1- 31	1- 30	4
7	Heizkraftwerk	1- 30	1- 31			2
8	(Hersel)	-	-	-	-	-
9	(Landschaftsverband Rheinland)	-	-	-	1- 30	1
10	Beuel	1- 30		1- 31		2
11	Niederholtorf	1- 30		1- 31		2
12	Plittersdorf	1- 30		1- 31	1- 30	3
13	Poppelsdorf	1- 30	1- 31			2
14	Röttgen	1- 30	1- 31	1- 31		3
15	Venner Str.			1- 31	2 -30	2
16	Venusberg	1- 30	1- 31	1- 31	1- 30	4
17	Vilich		1- 31		1- 30	2
18	Vilich Müldorf	1- 30		1- 31	1- 30	3
19	Villiprott Kläranlage			1- 31	1- 30	2
20	Witterschlick	1- 30	1- 31	1- 31	1- 30	4
Es werden Stationen pro Monat verwendet:		11	9	13	12	

Tab. 2.3: Übersicht der Meßstationen der Stadt Bonn (Juni-August 1994 und Juni 1995). Die Daten der in Klammern stehenden Stationen wurden nicht verwendet.

Die Kontrolle der Monatssummen führt für die Augustdaten der Bonner Station Heizkraftwerk zu einer Warnung. Die Bestätigung der Warnung durch eine Notiz auf dem Registrierband, die Verstopfung des Geräts betreffend, führt zum Ausschluß dieser Reihe. Auch für die Julidaten von Witterschlick erfolgt eine Warnung. Da die beanstandete Differenz jedoch auf ein einziges Gewitterereignis zurückzuführen ist, scheint es plausibel, daß regionale oder wetterbedingte Unterschiede dafür verantwortlich sein können. Somit wird diese Datenreihe weiter verwendet.

Für die Tagessummen werden in Bonn einige Warnungen ausgegeben. Die Betrachtung dieser Daten im einzelnen zeigt jedoch in den meisten Fällen, daß es sich dabei um Gewitter und sehr kräftige Niederschläge handelt, bei denen klimatologische Grenzwerte an mehren Stationen gleichzeitig überschritten werden. Diese Warnungen können durch regionale und wetterbedingte Unterschiede erklärt werden.

2.2.3 Ergebnisse der Datenprüfung

Als Ergebnis der Datenprüfung werden im weiteren Verlauf für das Stadtgebiet von Bonn die Daten von 16 Meßstationen verwendet. Tabelle 2.3 gibt für diese Stationen die verwendeten Zeiträume an. Viele Datenreihen sind unvollständig. Den ganzen 4-Monats-Zeitraum decken nur vier Stationen lückenlos ab: Ramersdorf, Heiderhof, Venusberg und Witterschlick.

Von den ebenfalls 20 ursprünglichen Meßstationen aus dem Stadtgebiet von **Köln** wird eine ausselektiert (Station Nr.11 in Tab.2.2), da hier für den untersuchten Zeitraum keine Meßdaten vorliegen. Eine weitere Meßstation erfüllt das Kriterium der Monatssummen nicht und wird deswegen ausgeschlossen (Nr.5). So werden für Köln 18 Stationen verwendet, wobei hier von allen Stationen der gesamte 4-Monats-Zeitraum lückenlos aufgezeichnet wurde.

Aus diesem Grund bieten sich die Kölner Daten eher für räumliche Betrachtungen an, als die lückenhaften Bonner Daten. Was jedoch die registrierte Niederschlagsmenge betrifft, so dürfte die Genauigkeit der Bonner Daten den Kölner Daten überlegen sein, vor allem bei sehr heftigen Ereignissen.

2.3 Kalman-Filter: Versuch der Anwendung zur Datenkontrolle

Bei der Analyse von Zeitreihen muß man in der Regel davon ausgehen, daß die Meßergebnisse (Beobachtungsgrößen) einen zufälligen Fehler aufweisen. D.h. die Systemgrößen (die „wahren, tatsächlichen" Werte) werden durch ein Rauschen überlagert. Um die Systemgrößen aus den Beobachtungsgrößen abzuschätzen, wird das Kalman-Filter verwendet (Honerkamp, 1990). Das Kalman-Filter wird eingesetzt, um bei Datenreihen nicht systematische Störungen (Rauschen) aufzudecken und sie, soweit möglich davon zu befreien.

In vorliegender Untersuchung geht es um die Frage, ob das Kalman-Filter bei feinskaligen Niederschlagsdaten Ausreißer und eventuell fehlerhafte Daten aufdeckt. Zu diesem Zweck wird eine sehr einfache, univariate, diskrete, lineare Variante des Kalman-Filters vorgestellt. Und zwar wird ein stationärer Markov-Prozeß[4] erster Ordnung als zugrunde liegender Prozeß angenommen. Bereits in früheren Untersuchungen hat sich gezeigt, daß Niederschlagsdaten durch Markov-Ketten erster Ordnung mit einem großen Rauschterm modelliert werden können (Steinhorst, 1994). Wurden alle Meßdaten, einschließlich der Nullwerte betrachtet, so konnte dieses Modell je nach Region zwischen 34 und 62 % der Varianz erklären. Betrachtete man nur die Nichtnullwerte so sank die erklärte Varianz etwas ab (22 bis 41 %).

---

[4] Eine Markov-Kette ist eine Realisierung eines diskreten Markov-Prozesses und dieser kann als Spezialfall des autoregressiven Prozesses aufgefaßt werden. Die Ordnung der Markov-Kette gibt die Zahl der vorhergehenden Zeitschritte an, die für den aktuellen Zustand eine Rolle spielen.
Jedes Element einer Markov-Kette läßt sich in einen deterministischen, genau berechenbaren Teil (abhängig vom Regenerationsparameter und einen stochastischen, zufälligen Teil zerlegen.

Das Kalman-Filter ist ein Algorithmus, der in Wissenschaft und Technik vielfältig Verwendung findet. Die Herleitung des Algorithmus und weitere, allgemeine Ausführungen zum Kalman-Filter finden sich bei Chui und Chen (1990), Hannan (1970) und Honerkamp (1990).

Auch im Bereich der Meteorologie erfreut sich das Kalman-Filter immer breiterer Anwendungsmöglichkeiten. Einige Varianten werden zur Datenassimilation genutzt. Vor allem theoretische Betrachtungen finden sich bei Dee (1991), Bürger und Cane (1994), Cohn et al. (1994). Bei Banfield et al. (1995) und bei Evensen und van Leeuwen (1995) wird das Kalman-Filter zur Assimilation von Satellitendaten eingesetzt. Zur Vorhersage der Fehlerkovarianzen bei Datenassimilation wird das Kalman Filter von Bouttier (1994) und Todling und Cohn (1994) eingesetzt. Van Geer et al. (1991) verwenden das Kalman-Filter um den Fehler bei der Simulation von Grundwassersystemen zu bestimmen. Zur Verbesserung meteorologischer Vorhersagemodelle wird das Kalman-Filter von Persson (1989), Cacciamani und de Simone (1992), Drăgulănescu (1993), Epstein und O´Lenic (1992) und Kilpinen (1992) eingesetzt.

Der Themenbereich des Kalman-Filters umfaßt eine vielschichtige Problematik: die Beschreibung des Kalman-Filters und seiner Parameter, die Bestimmung dieser Parameter aus Datenreihen mit unterschiedlichen Eigenschaften und die Anwendung des Filters auf 5-Minutensummen des Niederschlags. Da die Theorie des Kalman-Filters und die Ergebnisse der Anwendung an Stundensummen aus vier Wintermonaten bereits in einer Veröffentlichung ausführlich beschrieben wurden (Schilling und Steinhorst, 1998), wird in vorliegender Arbeit direkt auf die Ergebnisse der Anwendung des Kalman-Filters auf die Kölner 5-Minutensummen eingegangen (2.3.1). Der Vollständigkeit halber, findet sich die Beschreibung und Herleitung der verwendeten Gleichungen im Anhang B.1. Die weiter unten angeführten Gleichungen B.16, B.27 usw. stehen dort im Kontext ihrer Herleitung.

2.3.1 Anwendung des Kalman-Filters auf 5-Minutenwerte

In der vorliegenden Arbeit wird eine einfache lineare, univariate Form des Kalman-Filters auf die 5-Minutensummen von Köln angewandt; deren Ergebnisse finden sich in Tabelle 2.4. Die Berechnungen mit der iterativen und kombinierten Variante des Kalman-Filters liefern unbefriedigende Ergebnisse. Das ist nicht weiter verwunderlich, da diese Verfahren bei einer großen Zahl von Nullwerten nicht funktionieren, die Kölner 5-Minutensummen jedoch, einen sehr hohen Anteil (98 %) Nullwerte aufweisen.

Wegen der Nullwerte ist für diese Daten nur die empirische Form des Kalman-Filters sinnvoll. Interessant sind die Einblicke in den Niederschlagsprozeß und die Meßgenauigkeit, die man mit Hilfe des Kalman-Filters und diesen hoch aufgelösten Daten erhält. Hilfreich ist die Betrachtung der räumlichen Verteilung der diversen Größen und Parameter des Kalman-Filters im Stadtgebiet.

Interessant sind die räumlichen Muster der Fehlervarianzen r und q nach (Gl. B.16b) und (Gl. B.16c), berechnet mit den X'-Kovarianzen von a_{emp} (Gl. B.27): Je kleiner die Varianz der Beobachtungsgleichung r ist, desto genauer ist die Beobachtung an sich. Für $r \rightarrow 0$ ist die Beobachtung perfekt. Somit lassen sich Rückschlüsse auf die Genauigkeit der Messungen ziehen. Es zeigt sich, daß die geringste Genauigkeit, d.h. die höchsten Werte von r im südlichen und zentralen Gebiet auftritt, mit einer höheren Genauigkeit nach Norden und zu den Außenbereichen von Köln hin.

Die Varianz q gibt Aufschluß über die Güte der Anpassung der Systemgleichung an das zugrunde liegende Modell. Je größer der Wert von q ist, desto größer ist der stochastische Anteil, der durch das zugrunde liegende Modell nicht erklärt werden kann. Die größten Werte von q finden sich im südlichen Bereich von Köln, beiderseits des Rheins.

Nr.	Stationsname	β	a_{emp}	a_1	a_2	$q(a_{emp})$ [mm/5 -Min.]²	$r(a_{emp})$ [mm/5-Min.]²	P [mm/ 5-Min.]²	K
1	Vondel Str.	.892	.953	.92	.44	.042	.703	.04	.05
2	Stadthaus	.748	.879	.94	.55	.118	.476	.10	.19
3	Venloer Str.	.735	.871	.94	.54	.148	.518	.12	.21
4	Berg.-Glad.-Str.	.790	.902	.94	.99	.099	.554	.09	.14
6	Rodenkirchen	.292	.501	.89	.20	***	.394	.35	.80
7	Gleueler Str.	.647	.817	.93	.48	.262	.525	.19	.32
8	Rich.-Wagner-Str.	.675	.835	.94	.45	.094	.198	.07	.31
9	Neusser Str.	.556	.753	.94	.45	.179	.244	.13	.50
10	Ensener Weg	.688	.843	.94	.51	.295	.747	.30	.37
12	Hochkirchen	.616	.797	.93	.44	.188	.280	.12	.39
13	Langel	.770	.891	.93	.49	.075	.335	.10	.26
14	Stammheim	.820	.918	.94	.99	.038	.243	.03	.13
15	Longerich	.758	.884	.94	.52	.109	.423	.09	.19
16	Weiler	***	***	.95	.99	.000	***	.00	.00
17	Wahn	.544	.744	.92	.43	.568	.670	.34	.45
18	Rath-Heumar	.732	.870	.94	.99	.098	.377	.08	.19
19	Ostfriedhof	.761	.886	.94	.99	.075	.346	.06	.17
20	Dünnwald	.735	.871	.93	.54	.118	.452	.10	.19

Tab. 2.4: Kölner Daten: Empirisch bestimmte Parameter des Kalman-Filters. Der Markov-Regenerationsparameter β wird nur innerhalb der Zellen berechnet.

Den Prognosefehler[5] P kann man theoretisch verstehen als

$$P = \left\langle \left(X'_k - \hat{X}'_k \right)\left(X'_k - \hat{X}'_k \right) \right\rangle.$$

Das bedeutet, je weiter der Schätzwert $\hat{X}'_k$ von der eigentlichen (unbekannten) Systemgröße X'_k entfernt ist, desto größer wird P. Ein kleiner Wert von P bedeutet folglich, daß die Schätzwerte in der Regel nahe an den theoretischen Modellwerten liegen. Die räumliche Verteilung von P zeigt ein deutliches Maximum in Rheinnähe und im SO der Stadt.

Der Kalman-Verstärkungsfaktor kann angesehen werden als das Verhältnis

$$K = \left(\hat{X}'_k - \tilde{X}'_k \right)\left(Y'_k - \tilde{Y}'_k \right)^{-1}.$$

Dieser Parameter hängt von den Differenzen der vorhergesagten Modell- und Beobachtungswerte ab. Das heißt, je geringer die Korrektur des vorhergesagten Wertes ist, die nach der

---

[5] Der Index des Zeitschritts kann weggelassen werden, da der Prognosefehler, wie auch der Kalman-Verstärkungsfaktor nach einer Anzahl Zeitschritte für jede Datenreihe bei einem konstanten Wert P bzw. K bleiben

Beobachtung vorgenommen werden muß, um so kleiner ist K. Räumlich finden sich die größeren Werte von K im südlichen und westlichen Teil von Köln, die kleineren eher im nordöstlichen Gebiet der Stadt. Das bedeutet, daß die Niederschlagsmengen im östlichen Stadtgebiet besser prognostiziert werden können und daß hier die Struktur der realen Niederschläge mit dem zugrundeliegenden Markov-Prozeß besser zusammenpaßt.

Wird die Qualität der Daten mittels des Kalman-Filters beurteilt, so fallen zwei Stationen auf: Rodenkirchen und Weiler. Dieses sind die Stationen die bereits in Kap.2.1.2 erwähnt wurden, da hier innerhalb einer Minute 20 mm Niederschlag registriert wurde. Das bestätigt wieder die Empfindlichkeit des Kalman-Filters gegenüber sehr großen Werten.

Die Untersuchung der Parameter und Größen des Kalman-Filters bringen bei der Datenkontrolle keinen großen Fortschritt, sie erlauben jedoch einen Einblick in den Niederschlagsprozeß über dem Stadtgebiet von Köln: mit einem Gebiet schwer vorhersagbarer Niederschläge in Rheinnähe und im SO der Stadt und einem Gebiet im NO der Stadt, wo die tatsächlichen Niederschläge durch den Markov-Prozeß besser dargestellt werden können.

3. Identifizierung und Separierung unabhängiger Ereignisse

„Und wenn darauf zu höhrer Atmosphäre
Der tüchtige Gehalt berufen wäre,
Steht Wolke hoch, zum Herrlichsten geballt,
Verkündet, festgebildet, Machtgewalt,
Und, was ihr fürchtet und auch wohl erlebt,
Wie´s oben drohet, so es unten bebt.“

J. W. v. Goethe (1749 - 1832)

Bevor die Beschreibung der eigentlichen Niederschlagsmodelle folgt, werden einige Begriffe und Definitionen vorgestellt, die in den Modellen vorausgesetzt und verwendet werden. Deswegen ist es nötig zu klären, was man sich unter einem Ereignis oder einer Zelle in diesem Kontext vorstellen sollte. Je nach Verwendung in statistischem oder meteorologischem Kontext variiert der Sinn und die Bedeutung dieser Begriffe etwas.

Ein **Ereignis** gibt in der Statistik den Teil des Stichprobenraums eines Experiments an, in dem dessen Ergebnis liegt (Hense, 1991). In den Niederschlagsmodellen hat **Ereignis** bei der Beschreibung des Niederschlagsintensitätsprozesses bloß eine suggestive Bedeutung (Rodriguez-Iturbe et al.1984). Bei der Beschreibung der Modelle gilt, daß ein Ereignis in der <u>betrachteten Zeitskala</u> von den anderen Ereignissen statistisch unabhängig ist. (Das bedeutet, daß ein auf der 5-Minutenskala definiertes, unabhängiges Niederschlagsereignis auf einer größeren Skala z.B. der synoptischen Skala durchaus mit vorhergehenden und nachfolgenden Ereignissen zusammenhängen kann.)

In den Niederschlagsmodellen wird **storm** in der Bedeutung von „Ereignis" verwendet (Rodriguez-Iturbe, 1987). Storm bedeutet im englischen Sprachgebrauch vom meteorologischen Gesichtspunkt her, eine atmosphärische Störung mit kräftigen Winden und heftigen Niederschlägen (Fairbridge, 1967). Als Spezialfälle werden besonders heftige Wettererscheinungen als „local storms" bezeichnet: z.B. Windstürme, Hagelstürme, Schneestürme (Glossary, 1968). Im Bereich der Hydrologie wird die zeitliche oder räumliche Niederschlagsverteilung in einem bestimmten Gebiet als storm bezeichnet (Glossary, 1968). Im folgenden wird die Bezeichnung „storm" der jeweiligen Bedeutung entsprechend durch Ereignis, Regensturm, Gewitter, usw. ersetzt.

Im Bereich der Meteorologie beschreibt **Zelle** sowohl den Wolkenkomplex, als auch dessen Niederschlag (Böde, 1995). Die Grundelemente von Gewittern werden auch als Zellen bezeichnet (Houze et al., 1992). Am Erdboden werden Regenzellen von geschlossenen Isohyeten begrenzt und es gibt definierte räumliche Zonen und zeitliche Pausen ohne Niederschlag zwischen den Zellen (Changnon, 1981). Auf Radarbildern wird die Fläche, die von der 47-dBZ Kontur des Radar-Echos umschlossen wird, als Zelle bezeichnet (Schiesser et al., 1995).

Die Niederschlagsmodelle definieren die Zelle (in diesem Kontext in der englischsprachigen Literatur auch **puls** genannt) als das Basiselement des Niederschlagsprozesses (Rodriguez-Iturbe et al., 1987). Dabei müssen Zellen nicht unabhängig sein. Das ist der wesentliche Unterschied der Zellen zu den „storms" und Ereignissen.

Im weiteren Verlauf gelten für die Niederschlagsmodelle die folgenden hierarchischen Definitionen:

Fällt Niederschlag, - räumlich oder zeitlich durch Nullwerte begrenzt - wird dies als Zelle angesehen. Die Zellen werden nach gewissen, im weiteren Verlauf definierten Kriterien auf ihre Unabhängigkeit hin untersucht. Erfüllen einzelne Zellen die Unabhängigkeitsbedingungen, so werden sie als Ereignisse angesehen. Es kann folglich Ereignisse geben, die aus einer einzigen Zelle bestehen. Erfüllen die Zellen diese Unabhängigkeitsbedingung nicht, so werden sie als zusammengehörend angesehen und zu einem Ereignis zusammengefaßt.

Das heißt Zellen können abhängig oder unabhängig sein, Ereignisse sind immer unabhängig und können u.U. aus mehreren Zellen bestehen.

Da das Ziel dieser Arbeit, die Konstruktion regionaler Niederschlagsmodelle für Bonn und Köln, auf den Eigenschaften und Besonderheiten realer Niederschläge aufbaut, müssen als erstes diese Eigenschaften mit statistischen Methoden analysiert und erkannt werden.

Für jede Region soll eine möglichst allgemeingültige Anpassung gefunden werden. Um dieses zu erreichen werden alle Ergebnisse in Form von Mittelwerten über das betrachtete Stadtgebiet angegeben. Die Mittelwerte (μ) z.B. der Dauer oder der Menge der Zellen usw. werden aus den Stationsmittelwerten μ_i berechnet: $\mu = (\sum_{i=1}^{IR} \mu_i) / IR$ mit IR = 16 für

Bonn und IR = 18 für Köln. Ähnlich wird auch mit der regionalen Varianz σ^2 verfahren.

Bei der Berechnung der regionalen Häufigkeitsverteilung (HV) wird als Zwischenschritt für jede Station die empirische HV bestimmt. Durch klassenweises Summieren über die Stationen hinweg wird daraus die regionale, empirische HV. Die Anpassung der theoretischen HV erfolgt an diese regionale HV der Summen.

Diese Art des Vorgehens hat den Vorteil, daß zwar etwaige regionale Besonderheiten zwischen Bonn und Köln auffallen, einzelne Ausreißer aber durch die Mittelung in der Gesamtstatistik an Gewicht verlieren. Die Ergebnisse beziehen sich meistens auf diese regionalen Mittelwerte, die repräsentativ für das ganze Stadtgebiet stehen. Werden die Ergebnisse einer bestimmten Station vorgestellt, so wird explizit deren Name genannt.

Der erste Problempunkt der für die realen 5-Minutenwerte der Klärung bedarf, ist: welche Bedingungen muß eine beobachtete Niederschlagssequenz erfüllen um als unabhängiges Ereignis angesehen zu werden? Unter welchen Bedingungen handelt es sich dabei nicht um ein Ereignis, sondern „nur" um eine Zelle?

So trivial die Fragestellung auf den ersten Blick erscheinen mag, so schwierig ist die Antwort darauf. Dieser Entscheidung sollte ein möglichst objektives und „sinnvolles" Kriterium zugrunde liegen. Sinnvoll bedeutet, daß dabei die betrachtete Zeitskala, geographische und klimatische Bedingungen berücksichtigt werden.

Es werden zwei Verfahren vorgestellt und verwendet, um unabhängige Ereignisse zu identifizieren und zu separieren: nach dem Variationskoeffizienten der Pausendauer (Kap.3.1) sowie nach der Dauer der Pausen und dem Quotienten der Pausendauer zur Ereignisdauer (Kap.3.2). Die aus diesen Verfahren resultierende Zahl der Ereignisse wird mit den Resultaten zweier anderer Verfahren verglichen: unter Verwendung von Autokorrelationskoeffizienten (Kap.3.3) sowie mittels eines Optimierungsverfahrens (Kap.3.4). Die zusammenfassende Diskussion der Ergebnisse für die Bonner und Kölner 5-Minutensummen findet sich in Kap.3.5. Wichtige Zwischenergebnisse sind tabellarisch in den Anhängen A1 bis A4 angeführt.

3.1 Separierung unabhängiger Ereignisse nach der Pausendauer

Naheliegend ist, die Pausendauer zwischen aufeinanderfolgenden Niederschlagssequenzen als Kriterium zu wählen: wenn die Pause „lang genug" ist, dann sollten diese Sequenzen unabhängig sein. Es läuft folglich auf die Definition der minimalen Pausendauer t_{bo} hinaus, die unabhängige Ereignisse trennt. Ist die beobachtete Pausendauer länger als dieser Grenzwert t_{bo}, so handelt es sich um unabhängige Ereignisse. Ist sie jedoch kürzer, so wird sie als Pause zwischen den Zellen eines Ereignisses angesehen.

Codova und Bras (1979), die Stundensummen des Niederschlags von Denver untersuchten, legten die minimale Pausendauer zwischen Ereignissen t_{bo} willkürlich auf 12 h fest. Grace und Eagleson (1967) und Sariahmed und Kisiel (1968) berechneten mit Hilfe eines Rangkorrelationskoeffizienten der Regenmenge diejenige Pausendauer, ab der die Mengen davor und danach nicht mehr signifikant korreliert sind. Sie kommen auf eine minimale Pausendauer von 2 h für Niederschlagsdaten aus Neu-England und 3 h für Arizona.

Von Restrepo-Posada und Eagleson (1982) wurde eine Methode vorgestellt, die den Variationskoeffizienten der Pausendauer als Kriterium benutzt. Die Grundlage der Überlegungen bildet der Poisson-Prozeß[6] mit folgenden Annahmen:
- die Ereignisse sind unabhängig und ihr Auftreten (= ihr Beginn) folgt einem Poisson-Prozeß.
- die Dauer der Ereignisse ist gleich null. (Zu den Ereignissen ohne Dauer, den sogenannten „bursts" finden sich Erklärungen im Kapitel 4.2)
- die Pausendauer ist exponentialverteilt.

Reale Niederschlagsereignisse erfüllen diese Bedingungen nicht restlos, vor allem die gegen Null gehende Dauer ist in der Natur nicht gegeben. Deswegen werden die Annahmen etwas abgeschwächt:
- die Ereignisse sind unabhängig und ihr Auftreten (ihr Beginn) folgt einem Poisson-Prozeß.
- die Dauer der Ereignisse ist vernachlässigbar klein im Vergleich mit der Pausendauer.
- die Pausendauer ist exponentialverteilt - falls die Ereignisse wirklich unabhängig sind.

Diese Annahmen können als Prüfungskriterium dienen. Dabei ist definitionsgemäß die Unabhängigkeit der Ereignisse dann erreicht, wenn an die Pausendauern eine Exponentialverteilung angepaßt werden kann. Die Prüfgröße ist der Variationskoeffizient $CV[t_b]$.

Der Variationskoeffizient ist das Verhältnis der Standardabweichung zum Erwartungswert. Für die Exponentialverteilung gilt:

$$CV[t_b] = \sigma[t_b] / E[t_b] = 1 \qquad (1).$$

---

[6] Die Definition des Poisson-Prozesses folgt im 4.Kapitel.

In diesem Verfahren werden die Ereignisse bzw. Zellen nach ihrer Pausendauer t_b beurteilt und es gilt

$$\text{für} \quad t_b < t_{bo} \quad \text{ist} \quad CV[t_b] > 1$$
$$\text{für} \quad t_b > t_{bo} \quad \text{ist} \quad CV[t_{bo}] < 1.$$

So wird genau der Grenzwert t_{bo} gesucht, welcher die Bedingung (1) erfüllt. Der von Restrepo-Posada und Eagleson beschriebene Algorithmus prüft diese Bedingung automatisch. Begonnen wird mit dem kleinsten möglichen Wert der Pausendauer. Progressiv werden immer größere Pausendauern geprüft, d.h. kleinere Pausen bei der Berechnung von $CV[t_{bo}]$ nicht berücksichtigt.

Der Wert t_{bo} definiert die minimale Pausendauer zwischen unabhängigen Ereignissen. Für Werte von $t_b > t_{bo}$ werden die durch t_b getrennten Niederschlagssequenzen als unabhängige Ereignisse angesehen. Ist der Wert von $t_b < t_{bo}$ so werden die Niederschlagsmenge davor und danach als abhängig angesehen und zusammengefaßt. In diesem Fall ist t_b nur eine Pause zwischen zwei Zellen des gleichen Ereignisses. Abb. 3.1 zeigt am Beispiel der Station Ramersdorf in Bonn den Variationskoeffizienten in Abhängigkeit von der Pausenlänge. Bei einer Pausendauer von 20 Fünf-Minuten-Perioden, welche im weiteren Verlauf mit [5-Min.Per] abgekürzt werden, wird die Bedingung aus (Gl.1) erfüllt: hier ist der Variationskoeffizient gleich eins. Folglich werden in diesem Beispiel unabhängige Ereignisse durch Pausendauern getrennt, die länger als 20 [5-Min-Per] = 1.7 [h] sind.

Mit dieser Methode erhalten Restrepo-Posada und Eagleson eine Pauendauer t_{bo} für Ohio (Neu-England) von 8-9 h und für Tucson (Arizona) von 76 h. Es scheint, daß diese Methode dazu neigt, die Niederschlagssequenzen strenger zusammenzufassen, als z.B. die Überlegungen von Grace und Eagleson (1967) und Sariahmed und Kisiel (1968).

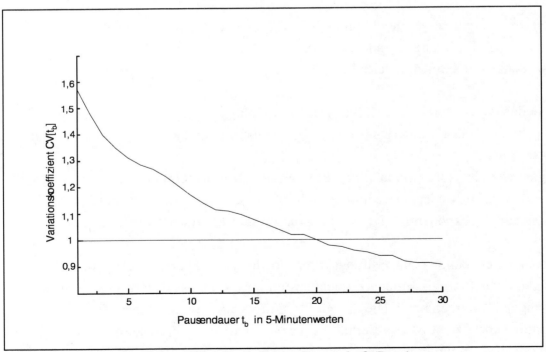

Abb. 3.1: Variationskoeffizient $CV[t_b]$ für die Station Ramersdorf (Bonn).

Auch Islam et al. (1990) haben diese Methode auf Stundensummen des Niederschlags (Sommermonate) von Florenz und Camaldoli (Italien) angewandt und damit eine minimale Pausendauer t_{bo} von ca. 100 bis 130 h (Florenz) und ca. 50 bis 100 h (Camaldoli) erhalten. Auch diese Ergebnisse lassen vermuten, daß die Methode von Restrepo-Posada und Eagleson die Niederschlagsereignisse erst nach relativ langen Pausen t_b als unabhängig ansieht.

Hier wird nun die Methode von Restrepo-Posada und Eagleson dazu verwendet, die Bonner und Kölner 5-Minutensummen in unabhängige Ereignisse aufzuspalten. Im ersten Schritt wird die Häufigkeitsverteilung der ursprünglichen Pausendauern der Kölner und Bonner Daten berechnet und überprüft, ob sie einer Exponentialverteilung entsprechen, was für beide Fälle abgelehnt wird (Tab. A1.3 und A1.4). Auch für die Zahl der ursprünglichen Zellen pro Tag für Bonn und Köln wird die empirische HV berechnet und mit einer theoretischen poissonverteilten HV verglichen, wobei diese für beide Regionen abgelehnt wird (Tab. A1.1 und A1.2 im Anhang A1).

Für jede Meßstation wird dann für steigende Pausendauern der Variationskoeffizient berechnet und seine Größe mit dem Wert 1 verglichen. Für die betrachteten 5-Minutenwerte ist die minimale Pausendauer t_{bo} recht groß (Tab. 3.1):

- Bonn im Mittel 17 [5-Min.Per.] mit dem Maximum von 3.67 h (Venusberg)
- Köln im Mittel 14.7 h   mit dem Maximum von 21.5 h (Richard-Wagner-Str.).

Für die **Bonner Daten** entsprechen die Ergebnisse den Erwartungen. Hier können von den ursprünglich 2791 Sequenzen (alle Stationen über den ganzen Zeitraum zusammen betrachtet) 1683 als unabhängige Ereignisse angesehen werden. Der Mittelwert der Anzahl Ereignisse pro Tag beträgt $\mu = 1.25$ d^{-1}.

Nr.	Bonner Stationen	t_{bo} [h]		Nr.	Kölner Stationen	t_{bo} [h]
1	Ramersdorf	1.67		1	Vondel Str.	20.50
2	Bauhof Bonn	1.33		2	Stadthaus	11.33
4	Mehlem	2.00		3	Venloer Str.	14.50
6	Heiderhof	1.00		4	Berg.-Glad.-Str.	15.50
7	Heizkraftwerk	1.75		6	Rodenkrichen	14.67
10	Beuel	0.75		7	Gleueler Str.	12.33
11	Niederholtorf	1.08		8	Rich.-Wagner-Str.	21.50
12	Plittersdorf	1.00		9	Neusser Str.	7.42
13	Poppelsdorf	0.92		10	Ensener Weg	11.33
14	Röttgen	1.25		12	Hochkirchen	13.33
15	Venner Str.	1.00		13	Langel	15.42
16	Venusberg	3.67		14	Stammheim	12.83
17	Vilich	1.25		15	Longerich	17.92
18	Vilich Mühldorf	0.92		16	Weiler	9.92
19	Villiprott	2.33		17	Wahn	14.50
20	Witterschlick	1.00		18	Rath -Heumar	20.00
				19	Ostfriedhof	14.92
				20	Dünnwald	16.33

Tab.3.1: Die minimale Pausendauer t_{bo} für die Bonner und Kölner 5-Minutensummen des Niederschlags.

Die Häufigkeitsverteilung der Zahl der Ereignisse nach dem Zusammenfassen entspricht im Fall der Bonner Daten einer Poisson-Verteilung (Tab. A2.1 im Anhang A2). Betrachtet man die HV der Pausendauern nach dem Zusammenfassen, so kann die Exponentialverteilung angenommen werden (Tab. A2.3 im Anhang). Durch das „Aussortieren" der kurzen Pausendauern wächst die mittlere Pausendauer von 9 h im ursprünglichen Zustand auf 14.6 h für die zusammengefügten Ereignisse.

Bei den **Kölner Daten** sind die Auswirkungen dieses Verfahrens drastisch: von den ursprünglich 5747 Zellen (Sequenzen) bleiben nur 549 Ereignisse übrig ($\mu=0.25$ d^{-1}). Bedingt durch den großen Wert der minimalen Pausendauern t_{bo} werden entsprechend viele Zellen zusammengefaßt. Die Folge dieser Zusammenfassung ist eine eher triviale Häufigkeitsverteilung der Zahl der Ereignisse pro Tag: fast alle Ereignisse fallen auf Tage mit einem Ereignis/Tag. Insgesamt gibt es nur 4 Tage mit je 2 Ereignissen/Tag (Tab. A2.2). Für die HV der Pausendauern nach dem Zusammenfassen kann die Exponentialverteilung angenommen werden (Tab. A2.4 im Anhang). Durch das rigorose Zusammenpacken so vieler Zellen steigt hier der ursprüngliche Mittelwert der Pausendauer von 7.9 h. auf 70.8 h.

Das Kriterium von Restrepo-Posada und Eagleson „funktioniert" gut in dem Sinne, daß die Bedingung der exponentialverteilten Pausendauern erfüllt wird. Auch die Anpassung an die Poisson-Verteilung wird von der HV der Zahl der Ereignisse erfüllt. Wie bereits bei den Beispielen aus der Literatur angedeutet, scheint es, daß diese Methode die Zellen so streng zusammenfaßt (besonders auffallend bei den Kölner Daten), daß die Skala der Niederschlagszellen verlassen wird. Meist werden erst Pausen im frontalen oder synoptischen Bereich als unabhängig angesehen. Die Aussage, daß diese statistisch unabhängig sind, ist sicherlich korrekt, sie ist jedoch für eine Statistik der 5-Minutenwerte zu grob. Möglicherweise ist einfach nur die untersuchte Datenmenge zu klein.

Für die Bonner Daten scheint die Zahl der Ereignisse plausibel. Für die Kölner Daten, mit dem viel größeren Wert der mittleren Pausendauer von 14.7 Stunden, kommen Zweifel auf, ob dieses Verfahren für die geplanten weiteren Untersuchungen der Daten eine brauchbare Basis liefert. Die Anforderungen die das Separierungskriterium erfüllen soll, ist Ereignisse zu liefern, die in der betrachteten Zeitskala als unabhängig angesehen werden können. Dabei wird vorausgesetzt, daß die Datenreihen möglichst unverändert bleiben sollen und die Zellen nur dann, „wenn es unbedingt nötig ist" zu Ereignissen zusammengefaßt werden.

Wegen den hier angestrebten Untersuchungen der Niederschlagsdaten in der Skala der einzelnen Zellen bzw. Zellcluster können im Fall der zusammengefaßten Ereignisse vorgegebene Skalengrenzen überschritten werden. Dadurch erscheint dieses Verfahren für diesen Zweck wenig geeignet.

Deswegen wird ein Kriterium gesucht, das speziell für feinskalige Daten geeignet ist. Die Zellen sollen zu unabhängigen Ereignissen zusammengefaßt werden, ohne jedoch zur synoptischen Zeitskala überzugehen. Das heißt, es wird ein flexibles Kriterium gesucht. Die Eigenheiten dieser hohen Auflösung sollen berücksichtigt werden und sie soll, soweit möglich, erhalten bleiben. Diese speziellen Anforderungen führen zu dem neuen, unter 3.2 vorgestellten „Pausendauer-Quotienten-Kriterium".

3.2 Separierung nach dem „Pausendauer-Quotienten-Kriterium"

Das von Restrepo-Posada und Eagleson vorgeschlagene Verfahren beurteilt die Zusammengehörigkeit der Zellen nach einem einzigen Kriterium: der Pausendauer. Es steht außer Zweifel, daß die Pausendauer bei der Beurteilung der Unabhängigkeit von grundlegender Bedeutung ist. Die Pausendauer wird auch in diesem neuen, hier entwickelten und getesteten, mehrstufigen Verfahren als erstes Kriterium verwendet.

Zur weiteren Beurteilung wird hier zusätzlich im zweiten und dritten Schritt noch die Zell- bzw. Ereignisdauer herangezogen und zwar in Form des **Q**uotienten der **P**ausendauer zur gemittelten Ereignisdauer, später kurz PQ- Kriterium genannt.

Diesem Kriterium liegen Skalenbetrachtungen zugrunde. In dieses Kriterium geht die meteorologische Erfahrung ein, daß jeder Niederschlagstyp eigenen Zeitskalen folgt:
Zieht eine Frontalzone über das Beobachtungsgebiet, so sind die Niederschläge meist von längerer Dauer und auch die Pausen zwischen z.B. den Niederschlägen der Warm- und Kaltfront sind länger (im Bereich einiger Stunden). Werden hingegen konvektive Niederschläge oder das Wettergeschehen hinter der Kaltfront beobachtet, so sind diese meistens von kürzerer Dauer und es gibt kürzere Pausen zwischen den einzelnen Regenzellen.

Eine Normierung der Statistiken mittels der Ereignisdauer wurde auch von Koutsoyiannis und Foufoula-Georgiou (1993) vorgeschlagen und wird in der Hydrologie in Form der sogenannten „Massenkurven" (normierte kumulative Regenmenge gegen die mit der Dauer normierte Zeit) verwendet.

Es werden Berechnungen mit unterschiedlichen Grenzwerten der Pausendauer P_{gr} und des Quotienten Q_{gr} durchgeführt. Die Häufigkeitsverteilung (kurz HV genannt) der resultierenden Ereignisse pro Tag wird berechnet und mit einer theoretischen Häufigkeitsverteilung (poisson- oder geometrisch verteilt) verglichen. Kann mittels eines Kolmogoroff-Smirnow-Tests die theoretische HV angenommen werden, so wird das Kriterium als erfüllt angesehen. Falls nicht explizit anders angegeben, wird der Komogoroff-Smirnow-Test bei einer Signifikanzzahl von $\alpha=1\%$ durchgeführt. Einzelheiten zum Stichprobenumfang und zu den Signifikanzgrenzen finden sich im Anhang B3.

Folgende Untersuchung, wie in Abbildung 3.2 schematisch dargestellt, kann automatisiert erfolgen:

Im ersten Schritt wird die Pausendauer überprüft: Ist diese kleiner als ein vorgegebener Grenzwert P_{gr}, so werden die Zellen davor und danach als abhängig angesehen und zu einem Zellblock zusammengefaßt (siehe z.B. in Abb. 3.2.a und 3.2.b den Zellblock 1, der aus den Zellen 1, 2, 3 und 4 besteht). Dann wird die Länge der folgenden Pause untersucht. Dieser Vorgang wird so lange wiederholt, bis eine Pausendauer gefunden wird, die größer ist als der vorgegebene Grenzwert. Ist die Pausendauer größer als der Grenzwert P_{gr}, so werden der Zellblock davor und danach vorläufig als unabhängig angesehen.

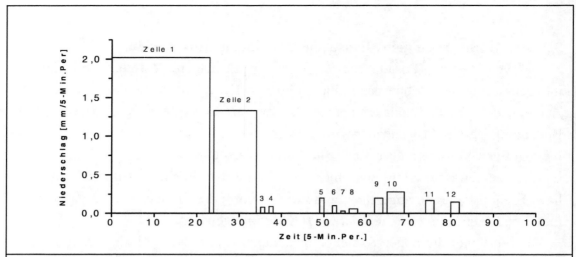

a. Ausgangssituation der Niederschlagssequenzen (= Zellen) wie sie registriert wurden. Zur leichteren Unterscheidung werden die Zellen numeriert.

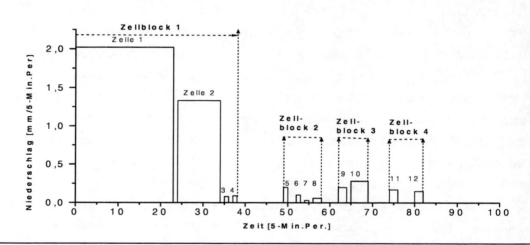

b. Nach dem ersten Schritt des PQ-Kriteriums sind die Zellen in Abhängigkeit der darauffolgenden Pausendauern zu Zellblöcken zusammengefaßt. Die Abbildung umfaßt den gleichen Zeitraum wie oben.

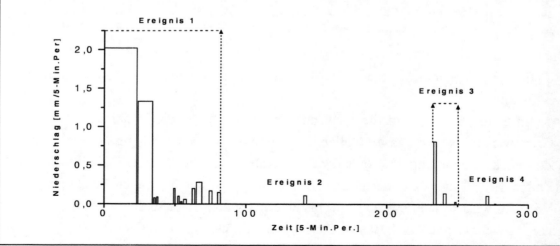

c. Nach dem zweiten Schritt des PQ-Kriteriums sind die Zellblöcke zu Ereignissen zusammengefaßt. Um mehrere Ereignisse darstellen zu können wird hier ein größerer Zeitausschnitt gewählt: so stellt der in Abb. a und b gezeigte Ausschnitt das Ereignis 1 dar.

Abb.3.2 : Arbeitsweise des Pausendauer-Quotientenkriteriums.

Nachdem dadurch die Zellen zu etwas größeren Blöcke zusammengefaßt sind, wird auf diese Blöcke das zweite Kriterium angewandt. Untersucht wird für jeden Zellblock die Größe des Quotienten der darauf folgenden Pausendauer zur mittleren Ereignisdauer. Die mittlere Ereignisdauer wird aus der Dauer des untersuchten und der des vorhergehenden Zellblocks berechnet. Die Größe dieses Quotienten wird für die Bonner und die Kölner Daten berechnet und für die Mehrheit der Zellblöcke ist er kleiner oder gleich 4.

Die Zellblöcke werden also dann zusammengefaßt, wenn der Quotient einen gegebenen Grenzwert Q_{gr} unterschreitet. Dieses Kriterium richtet sich flexibel nach der „Art" des Niederschlags. Als Beispiel zeigt Abb.3.2.c, wie alle, in den Bildern 3.2.a und 3.2.b betrachteten Zellen und Zellblöcke zu einem einzigen Ereignis zusammengefaßt werden. Testweise wurden bei der Entwicklung dieses Verfahrens auch Berechnungen mit anderen Quotienten ausgeführt: z.B. der Pausendauer zur Dauer des letzten Ereignisblocks, oder der Pausendauer zur gemittelten Dauer des Ereignisblocks vor und nach der Pause. Die Ergebnisse damit unterscheiden sich wenig von den hier vorgestellten.

Zusätzlich sollte sich eine automatisierte Konsistenzprüfung anschließen (3.Schritt). Folgt auf einen Zellblock mit einem kleinen Quotienten (kleiner als der Grenzwert Q_{gr}), einer mit einem größeren Quotienten, so werden zusätzlich die dazwischen liegende und die darauffolgende Pausendauer zur Beurteilung hinzugezogen. Es soll dadurch geklärt werden, ob es sinnvoll ist, diese beiden Zellblöcke automatisch zu einem Ereignis zusammenzufassen, oder beide als unabhängige Ereignisse anzusehen. Darüber entscheidet das Verhältnis der beiden Pausendauern. Ist die zwischen den beiden Blöcken liegende Pausendauer klein im Vergleich mit der Pausendauer danach (< 30 %), dann werden sie zusammengefaßt, sonst nicht. Diese Sonderregel soll verhindern, daß Zellblöcke automatisch (nur wegen der Größe des Quotienten) zusammengefaßt werden, obwohl die Pause dazwischen möglicherweise gleich groß oder größer ist, als die darauf folgende. Sonst könnte eine lange Pause als „ereignisintern" angesehen werden und eine kleinere Pausendauer würde als Trennungskriterium gelten.

Das heißt, im Zweifelsfalle sollen lieber zwei (eventuell zusammengehörende) Zellblöcke als unabhängige Ereignisse angesehen werden, als sie bedingungslos nach starren Regeln zusammenzufassen. Die Fälle, in denen dieser dritte Schritt nötig ist, sind recht selten. Das Beispiel in Abb. 3.2 ändert sich so nach dem zweiten Schritt nicht mehr.

Das PQ-Kriterium wird auf die Bonner und Kölner 5-Minutenwerte angewandt. Die beiden Grenzwerte P_{gr} und Q_{gr} sind unbekannt und müssen für jede Region bestimmt werden. Mit einem Wertepaar (P_{gr}, Q_{gr}) wird für jede einzelne Meßstation die Zahl der unabhängigen Ereignisse berechnet und damit die HV der Ereignisse pro Tag. Die empirische HV der Klassensummen wird mit einer theoretischen HV (mit dem empirischen Mittelwert konstruiert) verglichen und die Güte der Anpassung geprüft. Anfangs wurde eine Anpassung an die Poisson-Verteilung gesucht, da eine solche in den Niederschlagsmodellen als Verteilung der Ereignisse pro Tag vorausgesetzt wird.

Die Poisson-Verteilung gilt für „seltene" Ereignisse. Untersucht man Stunden- oder Tagessummen, kann man ein Niederschlagsereignis als seltenes Ereignis ansehen. Anders ist es, wenn man 5-Minutensummen betrachtet. Die Zahl der Tage ohne Ereignisbeginn hängt nur wenig von der untersuchten Zeitauflösung ab. Daraus folgt, daß an den verbleibenden, zahlenmäßig etwa gleich vielen Tagen mit Ereignisbeginn in der Tagesskala höchstens 1, in der Stundenskala höchstens 12 Ereignisse auftreten können.

In der 5-Minutenskala ist ein Tag bereits ein sehr großer Zeitraum, so daß viele Ereignisse an einem Tag auftreten können. In dieser Zeitskala kann man Niederschlagsereignisse kaum noch als selten ansehen. Außerdem fällt in dieser Auflösung auf, daß die Zellen/Ereignisse nicht einzeln, sondern in Gruppen auftreten. Diese Eigenart paßt nicht zu einem einfachen Poisson-Prozeß.

Es ist zwar möglich, die empirische HV der 5-Minutenwerte an eine Poisson-Verteilung anzupassen, wenn die Gesamtzahl der Ereignisse durch die Wahl sehr großer Grenzwerte (P_{gr}, Q_{gr}) sehr stark reduziert wird. Es zeigt sich jedoch, daß eine geometrische HV der empirischen HV sehr viel ähnlicher ist. Dieses ist im Einklang mit anderen Beobachtungen hoch aufgelöster Niederschlagsdaten. Eine Überlagerung und Vermischung von Poisson-Verteilungen mit unterschiedlich großen Parametern kann unter bestimmten Bedingungen als geometrisch verteilt angesehen werden (Kostinski und Jameson, 1997). Im vierten Kapitel wird diese Frage ausführlich diskutiert (siehe Kap.4.2.1). Die Anpassung an die geometrische HV erfordert keine großen Grenzwerte (P_{gr}, Q_{gr}), hier reichen schon Pausendauern von 10 Minuten aus. Die graphische Darstellung der HV der Zahl der Ereignisse pro Tag folgt erst im nächsten Kapitel: Abb. 4.1.a (Bonner Daten) und Abb.4.2.a (Kölner Daten).

Für die **Bonner Daten** kann bereits die HV der ursprünglichen Zellen an die geometrische HV angepaßt werden (μ=2.077 d^{-1}). So kann hier jede Niederschlagssequenz auch als unabhängiges Ereignis angesehen werden. Die in Kapitel 2 angesprochenen Unsicherheiten und die mögliche Verschmelzung mehrerer Zellen beim Digitalisieren kann bewirken, daß diese Daten bereits automatisch zusammengefaßt wurden.

Um für die **Kölner Daten** die besten Grenzwerte (P_{gr}, Q_{gr}) zu finden, wurden Berechnungen mit allen möglichen Wertepaaren (P_{gr} und Q_{gr} von 0 bis 6) gemacht. Dabei bedeutet 0, daß für den jeweiligen Grenzwert keine Einschränkung gilt. Die theoretische HV muß abgelehnt werden, wenn beide Grenzwerte 0, 1 oder 2 betragen. Je größere Grenzwerte verwendet werden, desto besser wird die Anpassung. Verwendet man Grenzwerte aus dem Bereich 3 bis 6 so läßt sich die empirische HV gleich für mehrere Wertepaare (P_{gr}, Q_{gr}) an die theoretische HV anpassen.

Da die Kriterien die Daten möglichst wenig einschränken sollen, wird jenes Wertepaar (P_{gr},Q_{gr}) als Grenzwerte gewählt, welches folgende Bedingungen erfüllt:

- Annahme der Anpassung der empirischen HV durch den Kolmogoroff-Smirnow-Test
- größte Anzahl unabhängiger Ereignisse
- kleinste Werte für P_{gr} und Q_{gr}.

Mit dem Grenzwertpaar P_{gr}=2 , Q_{gr}=3 erhält man für das Stadtgebiet von Köln 2018 Ereignisse (siehe Abb. 4.2.a und Tab. A3.1 im Anhang). Diese HV kann als geometrisch verteilt angenommen werden. An alle empirischen Häufigkeitsverteilungen mit den unterschiedlichen Grenzwerten wird jeweils auch die Poisson-Verteilung angepaßt. Sie wird jedoch in allen Fällen abgelehnt.

Dieses neue Verfahren ist nicht so restriktiv wie das Pausendauer-Kriterium nach 3.1. Für Bonn muß gar keine Modifikation vorgenommen werden. Für Köln werden nur Pausendauern mit höchstens 10 Minuten Dauer starr zusammengezogen, für den Rest steht der flexible Quotient.

Mit den ersten beiden, in diesem Kapitel beschriebenen Methoden werden Zellen zu unabhängigen Ereignissen zusammengefaßt. Als Ergebnis dieser beiden Verfahren erhält man Ereignisse, die aus mehreren Zellen zusammengesetzt sein können. Diese Ereignisse werden weiter untersucht: So wird die Verteilung der Zahl der Ereignisse pro Tag oder die HV der Zellen pro Ereignis bestimmt.

3.3 Bestimmung der Zahl der Freiheitsgrade durch Autokorrelationsbetrachtungen

Die beiden unter Kap.3.1 und Kap.3.2 beschriebenen Separierungsverfahren liefern grundsätzlich verschiedene Ergebnisse, so daß sich die gleichzeitige Berücksichtigung dieser Methoden ausschließt. Diese beiden Methoden dienen dazu, eventuell abhängige Zellen zu unabhängigen Ereignissen zusammenzufassen. Je nach Methode werden die Ereignisse durch unterschiedliche Kriterien definiert. Entsprechend sehen die mit diesen beiden Methoden erhaltenen Ergebnisse unterschiedlich aus (Kap. 3.5). Deswegen sollte wenigstens ein weiteres Verfahren angewandt werden, um die Entscheidung für eine der beiden Methoden zu erleichtern.

Aus den bisherigen Berechnungen und der Vorgabe, so wenig Einschränkungen wie möglich zu machen, scheint das Ergebnis des PQ-Kriteriums für diese Daten besser geeignet zu sein. Um die Entscheidung für ein Verfahren zu objektivieren, wird die Anzahl der unabhängigen Ereignisse auf anderem Wege abgeschätzt. Eines dieser Verfahren basiert auf Autokorrelationsbetrachtungen, das andere auf der optimalen Anpassung einer theoretischen HV (3.4). Zusätzlich werden für die Mittelwerte der Zahl der Zellen Konfidenzintervalle berechnet.

Eine interessante Methode wird von Lau und Chan (1985) verwendet um die Zahl der Freiheitsgrade zweier Datenreihen zu bestimmen. Dabei wird ausgenutzt, daß die Autokorrelation einer Zufallsreihe (= unabhängige Daten) sehr klein, im Idealfall Null ist. Ist hingegen der Wert des Autokorrelationskoeffizienten wesentlich von Null verschieden, so kann man davon ausgehen, daß es Abhängigkeiten in der Datenreihe gibt.

Die Herleitung und weitere Anwendungen dieser Methode finden sich bei Davis (1976). Die Zahl der unabhängigen Daten NDOF (= number of degrees of freedom = Freiheitsgrade der noch Datenreihe) wird aus den beiden Datenreihen X und Y folgendermaßen bestimmt:

$$NDOF = N \, \Delta t / \tau \tag{2}$$

mit
$$\tau_D = \sum_k C_{xx}(k\Delta t) \, C_{yy}(k\Delta t)\Delta t \tag{3}$$

Dabei gibt N die Länge der Zeitreihe, Δt den Zeitschritt, $\tau = \tau_D$ die Dekorrelationszeit (der Davis-Variante), C_{xx} die Autokorrelationskoeffizienten der „Basisreihe" und C_{yy} die Autokorrelationskoeffizienten der zu korrelierenden Reihe an.

Da bei diesen Untersuchungen alle Datenreihen der 5-Minutenwerte gleich behandelt werden und folglich keine Reihe besonders betont werden soll (als „Basisreihe"), muß (Gl.3) so verändert werden, daß jede Datenreihe einzeln (und unabhängig von den anderen Reihen) damit bearbeitet werden kann. Zur Betrachtung einzelner Datenreihen wird $C_{xx} = C_{yy}$ gesetzt. Wird die Symmetrie der Autokorrelationsfunktion genutzt, so erhält man:

$$\tau_D = 1 + 2 \sum_{k=1}^{K} C_{xx}^2 (k\Delta t) \Delta t \qquad (4).$$

Für diese Berechnungen werden die Autokorrelationskoeffizienten über alle Nichtnullwerte zellübergreifend berechnet. (Im Gegensatz dazu steht die Bestimmung der Parameter des Kalman-Filters (siehe Anhang B.1). Dort wird zur Berechnung der Autokorrelationskoeffizienten nur die Korrelation innerhalb der gleichen Zelle gewertet.)

Die Obergrenze der Korrelationen K kann alle möglichen Werte von $-\infty$ bis ∞ durchlaufen, was aber rechnerisch nicht durchführbar ist. Deswegen muß ein sinnvoller Grenzwert K gefunden werden, ab welchem die Korrelation abgebrochen wird.

Zusätzlich müssen auch mögliche, zufällige Autokorrelationen berücksichtigt werden. Dies geschieht durch die Angabe einer Vertrauensgrenze des Autokorrelationskoeffizienten. Nach Chatfield (1982) kann man die 95%-Vertrauensgrenze als $\pm 2/\sqrt{n}$ approximieren. Damit sind Werte des Autokorrelationskoeffizienten, die außerhalb dieser Grenze liegen, signifikant von Null verschieden (mit einer Irrtumswahrscheinlichkeit von 5%). Als Stichprobenumfang n zählt die Länge der Datenreihe. Dafür wird die mittlere Dauer pro Station gewählt.

Für die Kölner Daten, mit einer mittleren Dauer von 685.4 [5-Min.Per] pro Station wird eine mittlere Vertrauensgrenze von 0.076 bestimmt. Für die Bonner Daten mit einer mittleren Dauer von 4276 [5-Min.Per] pro Station ergibt diese Abschätzung eine Vertrauensgrenze von 0.031. Bei Testrechnungen mit computergenerierten Zufallszahlen zeigt sich, daß erst ab einer Vertrauensgrenze von ca. 0.1 die zufälligen Autokorrelationen vernachlässigt werden können. Da bereits in Kapitel 2 ausführlich auf die Unsicherheit der Dauer der Bonner Daten hingewiesen wurde, scheint es sinnvoll, die Kölner Vertrauensgrenze auch für die Bonner Daten zu übernehmen.

Einerseits wird die Bestimmung einer sinnvollen Obergrenze K der betrachteten Korrelationen empirisch ermittelt. Unter Berücksichtigung der oben genannten Vertrauensgrenze werden Dekorrelationszeiten nach (Gl.4) mit unterschiedlichen Grenzwerten K berechnet. Am sinnvollsten erscheint der Wert K=36. Damit sind Korrelationen von bis zu 3 Stunden erlaubt. Ein größerer Wert K führt zu keiner Verbesserung des Ergebnisses.

Andererseits kann man die theoretischen Überlegungen des Kalman-Filters und des Markov-Prozesses nutzen und den theoretischen Verlauf der Autokovarianzfunktion direkt aus den von ihrem Mittelwert befreiten Meßwerten Y_k berechnen:

$$\frac{C_k}{C_0} = \beta^k = \left(\frac{\langle Y'_{k+1} Y'_k \rangle}{\langle Y'_k Y'_k \rangle} \right)^k \qquad (5).$$

Dabei gibt C_K bzw. C_0 die Autokovarianz zum Zeitlag k bzw. 0 an, wobei k bzw. 0 den Zeitschritt bezeichnet. Der Schätzwert des Regenerationsparameters β wird hier zellenübergreifend berechnet. Deswegen unterscheidet er sich etwas von dem zellintern berechneten Wert β des Kalman-Filters. Auch der nach (Gl.5) berechnete theoretische Verlauf der Autokorrelationsfunktion wird bestimmt und damit die Dekorrelationszeit der Markov-Variante $\tau = \tau_M$ bestimmt.

Für die **Bonner Daten** beträgt die Dekorrelationszeit τ_D der Davis-Variante im Mittel 2.304 und der Markov-Variante $\tau_M = 1.837$ [5-Min.Per]. Die Dekorrelationszeiten und die Zahl der Ereignisse der einzelnen Stationen finden sich in Tab. A4.1 im Anhang A4. Mit diesen mittleren Dekorrelationszeiten erhält man als Gesamtzahl der unabhängigen Ereignisse für das Stadtgebiet von Bonn mit der Davis-Variante 1211 Ereignisse ($\mu=0.902$ d^{-1}) bzw. 1519 Ereignisse mit der Markov-Variante ($\mu=1.132$ d^{-1}).

Für die **Kölner Daten** beträgt die mit der Davis-Variante berechnete räumlich gemittelte Dekorrelationszeit 2.612 [5-Min.Per]. Mit der theoretischen Markov-Variante erhält man $\tau_M = 2.546$ [5-Min.Per]. Die vollständigen Ergebnisse finden sich in Tabelle A4.2. Mit der Davis-Variante werden für Köln 2200 Ereignisse als unabhängig angesehen ($\mu=1.002$ d^{-1}). Mit der Markov-Variante erhält man 2257 Ereignisse ($\mu=1.028$ d^{-1}). Hier stimmen die Ergebnisse der beiden Varianten recht gut überein.

Die Größe der Dekorrelationszeit hängt direkt von der Größe der Autokorrelationskoeffizienten ab. Wird die Davis-Variante verwendet, so beeinflussen die empirischen Autokovarianzen zu unterschiedlichen Zeitlags die Dekorrelationszeit. Im Fall der Markov-Variante widerspiegelt die Dekorrelationszeit die theoretischen, aus β berechneten Autokovarianzen. Da auch β nur ein empirischer Schätzwert ist, abhängig von der Autokorrelation zum lag 1, folgt, daß die theoretische Autokovarianzfunktion (AKF) auch keine perfekte, fehlerlose Alternative zu der empirischen AKF darstellt.

Um die Unterschiede zwischen den beiden Varianten zu verstehen, müssen einige Besonderheiten der Autokorrelationsfunktion (AKF) erklärt werden. Aus dem Vergleich der empirischen AKF und der theoretischen AKF lassen sich Aussagen über die Persistenz oder Erhaltungsneigung (=Abhängigkeit von vorhergehenden Werten) der Zeitreihen machen:

Geht die empirische AKF schneller gegen Null als die theoretische, so ist die tatsächliche Erhaltungsneigung kleiner als theoretisch möglich. Das heißt, daß dann auch die Abhängigkeiten kleiner sind als theoretisch zu erwarten.

Umgekehrt, deutet eine langsamer als die theoretische AKF gegen Null gehende empirische AKF auf eine hohe Erhaltungsneigung innerhalb der Zeitreihe hin und deutet auf größere Abhängigkeiten als theoretisch erwartet. Dieser Fall bewirkt automatisch eine Erhöhung der Dekorrelationszeit und folglich eine geringere Anzahl unabhängiger Ereignisse. Dieser Fall bereitet nun folgendes Problem: Wie groß ist der Anteil der Autokorrelation innerhalb der Zellen an der AKF und welchen Anteil hat die Autokorrelation zwischen aufeinanderfolgenden Zellen? Für die Abschätzung der Zahl der unabhängigen Ereignisse ist eigentlich nur die Korrelation zwischen unterschiedlichen Zellen relevant.

Auch innerhalb von unabhängigen Ereignissen einer bestimmten Dauer kann bei Persistenz eine große Korrelation auftreten. Durch diese (interne) Korrelation kann der Wert der Dekorrelationszeit stark überhöht werden. Hier wird jedoch nicht zwischen zelleninterner und zellenüberschreitender Korrelation unterschieden. Ist die Dauer der Zellen sehr kurz (1-2 Zeitschritte), so ist klar, daß der wesentliche Anteil der AKF aus der Korrelation zwischen unterschiedlichen Zellen herrührt. Für eine große Dauer der Zellen jedoch (viele Zeitschritte) dürfte das oben beschriebene Problem der zelleninternen Korrelation zunehmen.

Koutsoyiannis und Foufoula-Georgiou (1993) beobachten für Stundensummen des Niederschlags bei längeren Ereignissen höhere Autokorrelationskoeffizienten als bei Ereignissen kurzer Dauer. Sie vermuten, daß es eine Abhängigkeit der Autokorrelationskoeffizienten von der Ereignisdauer gibt. Dieses gilt von lag = 1 an, bis zu größeren Zeitverschiebungen von einigen Stunden.

Die mittlere Zelldauer der Bonner Daten ist mit einem Wert von 2.18 h für die betrachtete Zeitskala recht groß. Im Vergleich dazu beträgt die mittlere Zelldauer der Kölner Daten mit 2.13 [5-Min.Per] nur einen Bruchteil davon. Berücksichtigt man für die Bonner Daten diese große Zelldauer, so folgt nach Koutsoyiannis und Foufoula-Georgiou (1993), falls für die 5-Minutensummen des Niederschlags das gleiche gilt wie für Stundensummen, daß die Autokorrelation der Bonner Daten erwartungsgemäß größer ist, als die der Kölner Daten. Andererseits bewirkt diese große Dauer, folgt man den Überlegungen zur AKF, daß ein Teil der AKF auf Korrelationen innerhalb dieser Zellen beruht. Der Anteil dieser zelleninternen Korrelation dürfte einen wesentlichen Einfluß auf die AKF haben.

Da die Zelldauer der Bonner Daten vermutlich zu groß ist (siehe Kapitel 2), sollten keine wichtigen Entscheidungen weder direkt noch indirekt von der Dauer beeinflußt werden. Deswegen werden die Ergebnisse dieses Verfahrens für die Bonner Daten etwas in Frage gestellt.

Für die Kölner Daten, mit einer sehr geringen mittleren Zelldauer, spielen die Überlegungen zur zelleninternen Korrelation keine große Rolle. Deswegen kann dieses Verfahren für die Kölner Daten verwendet werden. Die mit Hilfe der Autokorrelationen berechnete Zahl der Ereignisse liegt für die Kölner Daten im gleichen Größenbereich wie die Ereigniszahl des PQ-Kriteriums (Tab.3.2).

3.4 Bestimmung der Zahl der Ereignisse durch ein Optimierungsverfahren

Im Anhang B.4 wird ein Verfahren beschrieben, welches zu einer gegebenen empirischen Häufigkeitsverteilung HV den Wert der optimalen Verteilungsparameter schätzt. Diese Parameterschätzung läßt sich als statistisches Entscheidungsproblem auffassen (Kreyszig,1991). Im Falle einer einparametrigen Verteilung wird der am besten zur empirischen HV passende (optimale) Mittelwert bestimmt.

Das Optimierungsverfahren verwendet die empirische HV der ursprünglichen Zellen und setzt die hypothetische Annahme einer bestimmten theoretischen HV dieser Daten voraus.

Durch einen Vergleich der empirischen und optimalen Parameter z.B. des Mittelwerts der optimalen HV μ_o und des realen Mittelwerts μ zeigt sich, ob die empirische Schätzung des Mittelwerts zu der empirischen HV paßt. Liegen die beiden Mittelwerte nahe beieinander, so kann man annehmen, daß die Schätzung von μ brauchbar ist. In diesem Fall kann die Anpassung mit einem zusätzlichen Test z.B. des Chi-Quadrat- oder des Kolmogoroff-Smirnow-Tests (welche eine gute Schätzung der Parameter voraussetzten) überprüft werden.

Liegen die beiden Mittelwerte weit auseinander, so kann einerseits die HV „schlecht" sein, z.B. wegen ungünstigen Klassengrenzen. Andererseits kann dies ein Anzeichen dafür sein, daß die Schätzung des empirischen Mittelwerts mangelhaft ist. Der „wahre" Mittelwert der zugrundeliegenden Grundgesamtheit wird in diesem Fall möglicherweise besser durch den angepaßten, optimalen Mittelwert geschätzt, als durch den empirischen Mittelwert.

Die gewählte, theoretische Verteilung, setzt unabhängige Ereignisse voraus. Durch dieses Verfahren wird die HV der (möglicherweise noch abhängigen) Zellen mit der ähnlichsten, theoretischen HV der unabhängigen Ereignisse verglichen und daran angepaßt. Das heißt, der Mittelwert der theoretischen Verteilung ist ein Schätzwert des Mittelwerts der unabhängigen Ereignisse.

Mit diesen optimalen Mittelwerten μ_o können Schätzwerte der Zahl der Ereignisse N_0 berechnet werden. Das Produkt des optimalen Mittelwerts und der Anzahl der „Beobachtungstage" T der Region gibt einen Schätzwert für N_0:

$$N_0 = \mu_o * T \qquad (6).$$

Diese Berechnungen werden für die Poisson- und die geometrische Verteilung durchgeführt. Es zeigt sich jedoch im weiteren Verlauf, daß die Wahl der Verteilung, wenig Einfluß auf die resultierende Zahl der Ereignisse hat. Die optimalen Mittelwerte der Zahl der Zellen bzw. Ereignisse pro Tag dieser beider Verteilungen liegen im gleichen Bereich (Tab.3.2). Zwar ist der Mittelwert der Poisson-Verteilung in allen Fällen etwas kleiner als der der geometrischen. Diese Unterschiede betragen im allgemeinen ca. 10%.

Sozusagen als Prüfung des Optimierungsverfahrens wird dessen Anwendung auf die HV bereits zusammengefaßten Ereignisse überprüft. Die Verteilung der Ereignisse, welche nach Anwendung des PQ- Kriteriums auf die Kölner Daten resultiert, wird als empirische HV durch theoretische Verteilungen optimiert. Erwartungsgemäß liegt die resultierende Zahl der Ereignisse auch in diesem Fall im gleichen Bereich, wie bei der Anpassung der Zahl der Zellen. Auch was die Poisson- und geometrische Verteilung angeht, wird die obige Beobachtung bestätigt. Dieses Verfahren liefert also, unabhängig von der Qualität der ursprünglichen HV (Zellen oder zusammengefaßte Ereignisse) Ergebnisse gleicher Qualität.

Wird an die empirische HV der ursprünglichen Niederschlagszellen (Sequenzen) die optimale, theoretische HV der Ereignisse angepaßt, so wird nach Gl. 6 die Zahl der Ereignisse mit dem optimal angepaßten Mittelwert bestimmt.

Für **Bonn** ist die resultierende Zahl der Ereignisse für die Anpassungen an die geometrische und die Poisson-Verteilung mit 3100 bis 3167, bzw. 3006 bis 3020 Ereignissen etwas größer als die Ausgangszahl der Zellen (Tab.3.2). Dieses Ergebnis unterstützt auch den in Kapitel 2 geäußerten Verdacht, daß beim Digitalisieren der Daten bereits einige Zellen oder Ereignisse zusammengezogen wurden.

Die durch dieses Verfahren resultierende Zahl der Ereignisse (Tab.3.2) für **Köln** beträgt im Fall der Poisson-Verteilung 1845 Ereignisse. Die Zahl der Ereignisse im Fall der geometrischen HV liegt bei 2020 bis 2053 Ereignissen. Dieser Wert paßt gut zu der Zahl der Ereignisse des PQ-Kriteriums. Wird für Köln auch der optimale Mittelwert zur HV der nach dem PQ-Kriterium zusammengefaßten Ereignisse berechnet, so liegen die Werte in einer ähnlichen Größenordnung (Tab.3.2).

Vorteilhaft ist bei dem Optimierungsverfahren, daß die Autokorrelation der Daten, mit möglichen Persistenzen keine Rolle spielt, wie im Verfahren von Davis (1976). Auch müssen keine Annahmen zum (unbekannten) Niederschlagsprozeß gemacht werden, wie bei Restrepo-Posada und Eagleson (1982). Selbst die mitunter etwas schwerfällige Konstruktion eines Gerüsts aus unterschiedlichsten Kriterien und Regelungen, wie beim PQ-Kriterium, wird unnötig.

Das Optimierungsverfahren kann ohne diese umfangreichen Voraussetzungen einen Schätzwert der Zahl der Ereignisse liefern. Folglich kann es zur Überprüfung der anderen Ergebnisse hilfreich sein. Die Voraussetzungen dieses Verfahrens, eine glaubwürdige, empirische HV der Zahl der Zellen und die Annahme einer bestimmten Verteilung für die HV der Ereignisse, sind vergleichsweise bescheiden und werden in den anderen Verfahren auch erfordert.

3.5 Abschließender Vergleich der mit diesen Verfahren erhaltenen Ergebnissen

Es kann nicht erwartet werden, daß diese unterschiedlichen Methoden zu gleichen Ergebnissen führen. Liegen jedoch die Ergebnisse der unterschiedlichen Verfahren in der gleichen Größenordnung, so ist anzunehmen, daß diese Schätzwerte zum gleichen „wahren" Wert der Grundgesamtheit gehören. In Tabelle 3.2 finden sich alle resultierenden Ereignisse und deren regionalen Mittelwerte dieser vier Verfahren nebeneinander aufgelistet.

Dazu kommt noch folgende Variante: einer der Modellparameter, die mit den in Kapitel 4 beschriebenen Niederschlagsmodellen bestimmt werden, ist der Mittelwert der Zahl der Ereignisse. Dieser Wert wird mit Hilfe der Modellgleichungen aus statistischen Momenten der 5-Minutenwerte bestimmt. Angegeben wird für Bonn das Ergebnis des modifizierten rechteckigen Pulsmodells, für Köln das Ergebnis des modifizierten Neyman-Scott-Modells. Dabei wird etwas vorgegriffen, denn die vollständigen Ergebnisse finden sich in Kapitel 5.

Zusätzlich werden mit Hilfe der empirisch bestimmten Mittelwerte und Varianzen Konfidenzintervalle für die empirischen Mittelwerte der Originaldaten sowie für die nach dem PQ-Kriterium zusammengefaßten Ereignisse bestimmt. (Berechnung der Konfidenzintervalle siehe Anhang B.4). Diese Varianzen haben für alle Regionen sehr große Werte.

Für das Stadtgebiet **Bonn** liegt die Zahl der resultierenden Ereignisse mehrerer Verfahren innerhalb des Konfidenzintervalls der Originaldaten. Hier gibt es Übereinstimmungen im Bereich von ca. 2800 bis 3200 Ereignissen zwischen der ursprünglichen Ereignisanzahl, der Anzahl nach dem PQ-Kriterium und dem Optimierungsverfahren an die geometrische und die poissonverteilte HV. Außerhalb des Konfidenzintervalls liegen die Mittelwerte im Fall des Pausenkriteriums und der Autokorrelationsbetrachtungen bei ca. 1500 Ereignissen. Bereits in 3.1 und 3.3 wurde darauf hingewiesen, daß die Autokorrelationsbetrachtungen für die Bonner Daten u.U. wenig geeignet sind. Zwischen diesen beiden Bereichen liegt die Ereignisanzahl, die mittels des modifizierten rechteckigen Pulsmodells berechnet wurde.

Da die Zahl der Ereignisse mehrerer Verfahren im Bereich 2800 bis 3200 liegt, erscheint diese Größenordnung glaubwürdig. Diese Größenordnung bedeutet, daß für Bonn die Zellen direkt, ohne Zusammenfassen als unabhängige Ereignisse angesehen werden können.

Für das Stadtgebiet von **Köln** bewirkt das Zusammenfassen nach dem PQ-Kriterium eine deutliche Verkleinerung des Konfidenzintervalls. In dieses Intervall fallen außer dem Mittelwert des PQ-Kriteriums die Mittelwerte der beiden Varianten der Autokorrelationsbetrachtungen und die beiden optimierten Mittelwerte. Für die Kölner Daten finden sich hier, im Bereich von ca. 1800 bis 2200 Ereignissen die meisten Übereinstimmungen. Die Mehrheit der Schätzungen deutet darauf, daß die tatsächliche Ereignisanzahl in diesem Bereich liegt.

Die Zahl der Ereignisse die durch das neue PQ-Kriterium resultiert, wird sowohl für die Bonner als auch für die Kölner Daten durch mehrere andere Verfahren bestätigt. Deswegen wird dieses Verfahren im weiteren Verlauf dazu genutzt, die Zellen zu Ereignissen zusammenzufassen.

Region	Stadtgebiet Bonn		Stadtgebiet Köln	
	Zahl Zellen bzw. Ereignisse N_B	Mittelwert μ_B [d^{-1}]	Zahl Zellen bzw. Ereignisse N_K	Mittelwert μ_K [d^{-1}]
Originaldaten	2791	2.080	5747	2.617
Konfidenzintervall (Originaldat.) 95%	-	1.606 - 2.554	-	1.654 - 3.586
Zusammenfassen nach folgenden Kriterien:				
Pausendauer (nach 3.1)	1683	1.254	549	0.250
PQ-Kriterium: P_{gr}=2, Q_{gr}=3 (nach 3.2)	2791	2.080	2018	0.919
Konfidenzintervall 95% (PQ-Krit.)	-	1.606-2.554	-	0.621-1.217
Autokorrelationsbetrachtungen (nach 3.3):				
Davis-Variante	1211	0.902	2215	1.009
Markov-Variante	1519	1.132	2279	1.038
Optimierung an folgende HV (nach 3.4):				
Poisson HV (Originaldat.)	3006 - 3020	2.24 - 2.25	1845	0.84
geometrische HV (Originaldat.)	3100 - 3167	2.31 - 2.36	2020	0.92
Poisson HV (Ereignisse PQ-Krit.)	3006 - 3020	2.24 - 2.25	2086 - 2108	0.95 - 0.96
geometrische HV (Ereignisse PQ-Krit)	3100 - 3167	2.31 - 2.36	2328	1.06
Berechnete Zahl Ereignisse aus dem zum Stadtgebiet konstruierten Modellen:				
Modell angepaßt an 5-Min.Param. (nach Kapitel 4)	1894	1.411	569	0.259

Tab. 3.2: Zahl der Ereignisse bzw. Zellen und deren räumliche Mittelwerte pro Tag [d^{-1}], bestimmt mit unterschiedlichen Verfahren. Die Zahl der Beobachtungstage ist 1342 für Bonn und 2196 für Köln. Für die Originaldaten und die zusammengefaßten Ereignisse nach dem PQ-Kriterium sind Konfidenzintervalle der Mittelwerte angegeben. (P_{gr} angegeben in [5-Min.Per]).

4. Kapitel: Zeitliche Niederschlagsmodelle

„Und doch haben feste Regeln, durchdachte Kombinationen, überlegtes und systematisches Vorgehen unbestreitbar die Hand geführt, die dieses Bild, das dem Anschein nach so ungeordnet ist, gezeichnet hat; diese Buchstaben, so unterschiedlich sie geformt seien, sind jedoch Zeichen, die eine Gedankenfolge erkennen lassen, sie drücken einen durchgehenden Sinn aus......"

J. F. Champollion (Ägyptologe, Entzifferer der Hieroglyphen, 1790 - 1832)

Niederschlagsmodelle sind abstrakte, mathematische Systeme, die auf der Theorie der stochastischen Prozesse und deren Eigenschaften aufbauen. Mit diesen Modellen sollen bestimmte Charakteristika der Niederschlagsdaten erhalten und simuliert werden, z.B. statistische Momente, wie der Mittelwert und die Kovarianzen der Niederschlagsmenge. Wichtig ist in diesem Zusammenhang die Autokovarianzfunktion, da sie Schlüsse über den zugrunde liegenden Prozeß zuläßt.

Die hier vorgestellten zeitlichen Niederschlagsmodelle bestehen im wesentlichen aus drei **Modellgleichungen**:

1. einer Gleichung, zur Berechnung des Erwartungswertes der in dem diskreten Zeitintervall T gefallenen Niederschlagsmenge $E[Y(T)]$,
2. einer Gleichung zur Berechnung der Varianz $Var[Y(T)]$ und
3. einer Gleichung zur Berechnung der Kovarianzen zwischen den Zeitpunkten 1 und k $Cov[Y_1(T), Y_k(T)]$.

Mit diesen Modellgleichungen (siehe z.B. Gl. 16, 22 und 23) kann z.B. die Autokorianzfunktion simuliert werden. Die Herleitung und Beschreibung der Modelle findet sich unter 4.2 und deren Ergebnisse im fünften Kapitel.

In den Niederschlagsmodellen werden unterschiedliche Charakteristika des Niederschlags berücksichtigt, die als **Modellgrößen** bezeichnet werden. Zum Beispiel geht in alle hier verwendeten Modelle die Zahl der Ereignisse ein, die Ereignisse bzw. Zellen haben eine Dauer und es fällt eine gewisse Niederschlagsmenge pro Ereignis bzw. Zelle. Manche Modelle berücksichtigen noch weitere Größen, wie die Zahl der Zellen pro Ereignis und deren zeitliche Verteilung. Jedes Modell macht für diese Modellgrößen gewisse Annahmen. Die Beschreibung der Modellgrößen wird mathematisch durch ihre Wahrscheinlichkeitsverteilungen ausgedrückt. Die Wahrscheinlichkeitsverteilung wird durch die Wahrscheinlichkeitsfunktion bzw. Dichte bestimmt (Kreyszig, 1991) und diese enthält einen oder mehrere Parameter, die im Zusammenhang mit den Niederschlagsmodellen **Modellparameter** genannt werden.

Die Anzahl der Modellparameter kann je nach der Anzahl der Modellgrößen und deren Verteilung variieren. Die Beschreibung des Vorgehens beim Modellaufbau (Kap.4.2) zeigt, daß nur mathematisch einfache Verteilungen mit einem, höchstens zwei Parametern berücksichtigt werden können. Außerdem sollte die verwendete Verteilung der empirischen Häufigkeitsverteilung der modellierten Größen ähnlich sein. Deswegen beschränkt sich der Kreis der verwendeten Verteilungen auf die Poisson-, die geometrische, die Exponential und die Pareto-Verteilung[7].

---

[7] Näheres zur Pareto-Verteilung findet sich in Kap. 4.1.2

In einem ersten Schritt wird die Verteilung der verwendeten Modellgrößen überprüft (Kap. 4.1). Erst wird untersucht, ob die in der Literatur für Stunden- oder Tagessummen (4.1.1) angegebenen Verteilungen auch im Fall der 5-Minutensummen (4.1.2) zutreffen. Die ausführlichen Tabellen dazu sind in Anhang A.5 und A.6 aufgelistet. Kann diese, vorgegebene Verteilung nicht an die empirischen Häufigkeitsverteilungen angepaßt werden, so wird eine andere, besser geeignete Verteilung gesucht. Ist eine andere Verteilung besser als die Originalverteilung, so wird in den Modellen die empirisch gefundene Verteilung verwendet. Hier liegt der Unterschied zwischen der Originalvariante der Modelle und den modifizierten Modellen. Das heißt, jedes Modell „besitzt" eine Anzahl Modellparameter, welche die Verteilungen der Zahl der Ereignisse, der Dauer, der Menge usw. erfordern. Je nach Anzahl der Modellparameter müssen dem Modell ebenso viele empirisch bestimmte Momente bekannt sein.

In diesem Schritt wird nur untersucht, welche Verteilungen für die Modellgrößen verwendet werden; die hier bestimmten Zahlenwerte der Parameter dieser Verteilungen sind für die weiteren Berechnungen und die Anwendung der Modelle bedeutungslos[8]. Würden diese Werte direkt als Modellparameter angesehen und in den Modellgleichungen verwendet, so wären die Ergebnisse schlecht.

Mit den ursprünglichen, oder den an die 5-Minutenwerte angepaßten Verteilungen werden im nächsten Schritt die Modellgleichungen aufgestellt (Kap.4.2 und 4.3). Erst mit Hilfe der Modellgleichungen können die „richtigen" Zahlenwerte der Modellparameter bestimmt werden (Kap.4.4 und Kap. 5.1). Damit wird sichergestellt, daß die Werte der Modellparameter aufeinander und auf das jeweilige Modell abgestimmt sind.

Im letzten Schritt wird als Ergebnis die simulierte Autokovarianzfunktion (AKF) mit den Modellen bestimmt und zur Validierung mit der, auf empirischem Weg bestimmten Autokovarianzfunktion verglichen (Kap.5.2). Dabei muß das Modell in der Lage sein, die bekannten Momente gut zu reproduzieren und zusätzlich auch unbekannte (= nicht explizit genannte) Momente abzuschätzen. Mit den Modellgleichungen werden auch Momente anderer, als der beobachteten Zeitskalen berechnet. In diesem Schritt zeigt sich, ob die Modellannahmen „gut" gewählt sind und ob das gewählte Modell folglich für die Daten geeignet ist. Bei der Abschätzung der unbekannten, nicht angegebenen Momente zeigt sich die Qualität des Modells. Interessant ist vor allem der Verlauf der AKF in Bereichen der größeren Zeitverschiebungen (lags), die den Modellen unbekannt sind. Außerdem soll auch die Anwendbarkeit auf unterschiedliche Zeitskalen überprüft werden

Um den möglichen Einfluß von synoptischen Bedingungen auf die modellierten Größen zu testen, findet sich am Ende dieses Kapitels (4.5) die Untersuchung der Niederschlagsdaten an Gewittertagen. Dadurch soll geklärt werden, inwieweit die modellierten Größen von der aktuellen Wetterlage abhängen und dadurch beeinflußt werden.

Grundlage der zeitlichen Niederschlagsmodelle ist der „Niederschlagsintensitätsprozeß" $\xi(t)$ (Rodriguez-Iturbe et al., 1984), welcher die zeitliche Entwicklung der Niederschlagmenge wiedergibt $[\xi(t)]$=mm/h). Dieses ist bereits die erste Modellannahme, denn $\xi(t)$ kann nicht

---

[8] Die beobachteten Zellen bzw. Ereignisse sind nicht identisch mit den modellierten Pulsen bzw. Ereignissen. Näheres dazu findet sich in Kap. 4.2

direkt beobachtet werden. Man setzt im allgemeinen voraus, daß $\xi(t)$ kontinuierlich, stationär und homogen sei.

Mit Hilfe des Niederschlagsintensitätsprozesses $\xi(t)$ werden die Eigenschaften des resultierenden Niederschlags (die Modellgrößen) beschrieben. Die Zahl der Ereignisse, die Entscheidung ob ein Ereignis aus einer oder mehreren Zellen bestehen kann, die Dauer der Ereignisse bzw. der Zellen, sowie die Niederschlagsmenge werden durch $\xi(t)$ festgelegt.

Soll die zeitliche Struktur der Niederschläge modelliert werden, so besteht der Niederschlagsintensitätsprozeß $\xi(t)$ nach Rodriguez-Iturbe et al. (1984) und Waymire und Gupta (1981 1.) aus zwei, voneinander unabhängigen Teilen:

1. dem eigentlichen „Zählprozeß", welcher den Beginn der Niederschlagsereignisse und deren Anzahl in bestimmten Zeitintervallen regelt. In der hydrologischen Literatur wird dafür meistens der Poisson-Prozeß gewählt. Komplexere Modelle verwenden einen Cluster-Prozeß, welcher jedoch auf dem Poisson-Prozeß aufbaut. Die Beschreibung dieser Prozesse und Beispiele dazu folgen im weiteren Verlauf (Kap.4.2 und Kap.4.3).

2. den Eigenschaften der Ereignisse (Zahl der Zellen pro Ereignis, Menge, Dauer...).

Als Grundlage der Niederschlagsmodelle dient die Theorie der Punktprozesse. Ein einfaches, häufig eingesetztes Modell wird durch den **Poisson-Prozeß** gegeben. Dieses ist nach Müller (1991) die mathematische Formulierung der Vorstellung einer „völlig regellosen Punktverteilung". Vorausgesetzt wird das Eintreten von Ereignissen an zufälligen Zeitpunkten, deren Anzahl X_t bis zum Zeitpunkt t gezählt wird. Falls diese Zufallsgrößen X_t folgende Bedingungen erfüllen, bilden sie einen Poisson-Prozeß:

I. Die Wahrscheinlichkeit, daß während eines kleinen Zeitintervalls Δt genau ein Ereignis eintritt, ist proportional zur Größe des Intervalls Δt.

II. Die Wahrscheinlichkeit, daß im Zeitintervall Δt mehrere Ereignisse eintreten können, ist klein.

III. Betrachtet man disjunkte Zeitintervalle, so ist die Anzahl der darin eintretenden Ereignisse voneinander unabhängig. Es handelt sich hier um einen Prozeß mit unabhängigen Zuwächsen. (Als Zuwachs gilt das Eintreten eines Ereignisses, d.h. die Ereignisse werden gezählt.)

Die Zuwächse $X_t - X_s$, $0 \leq s < t$ besitzen eine Poisson-Verteilung mit dem Parameter $\lambda(t - s)$. Dabei gibt die positive Konstante λ die Intensität des Poisson-Prozesses an. Die zeitlichen Abstände zwischen dem Beginn der Ereignisse sind ebenfalls Zufallsgrößen und sind exponentialverteilt (Müller, 1991).

Betrachtet man das zeitliche Verhalten von Niederschlägen in der Realität, so fällt auf, daß sie zeitlich und räumlich nicht gleichmäßig verteilt sind. Meistens häufen sich in der subsynoptischen Skala mehrere Zellen zusammen in Gruppen, sogenannten Clustern (Hosking und Stow, 1987). Siehe dazu auch Kap.3.

Dieses Verhalten zeigt sich auch bei Stundensummen des Niederschlags in der Köln-Bonner Bucht. Die Wahrscheinlichkeit liegt hier bei 70-80 %, daß innerhalb von 24 Stunden nach einem starken Niederschlagsereignis ein weiteres folgt (Steinhorst, 1994). Dieses Verhalten der Niederschläge kann durch die einfachen Pulsmodelle nur schlecht wiedergegeben werden. Dabei versteht man unter einem Puls das plötzliche Ansteigen der Niederschlagsintensität von Null auf einen beliebigen (positiven) Wert. Bei den Pulsmodellen entspricht jedem Ereignisbeginn genau ein rechteckiger Puls.

In den Clustermodellen entstehen **Cluster-Prozesse** durch Überlagerung von Punkt-Clustern (Zellen), die den Punkten eines Primärpunktprozesses (Ereignisse) zugeordnet sind (Müller, 1991). Da hier das zeitliche Verhalten der Niederschlagsdaten modelliert wird, kann hier jeder „Punkt" als Zeitpunkt interpretiert werden.

Clustermodelle erlauben, daß jedes unabhängige Ereignis aus einem Zellcluster (= Zellgruppe) bestehen kann. Ein stochastischer Prozeß, der dieses zuläßt, ist der Neyman-Scott Cluster-Prozeß. Ursprünglich wurde dieser Prozeß zur Beschreibung der räumlichen Verteilung der Galaxien im Raum entwickelt (Kavvas und Delleur, 1981).

Der Anspruch von Clustermodellen in der Literatur ist, das tatsächliche Verhalten des Niederschlags besser zu repräsentieren. Diese, der Realität näheren Modelle, sollen zudem skalenübergreifend Gültigkeit haben. Das heißt, auch wenn z.B. Messungen in 12-Stunden-Abständen vorliegen, sollte das Modell auch die statistische Struktur der Stundensummen wiedergeben können (Rodriguez-Iturebe et al. 1987).

Bei den Cluster-Modellen regelt, wie im Fall der einfachen Pulsmodelle ein Poisson-Prozeß (mit dem Parameter λ) die Häufigkeit und die Verteilung der unabhängigen Ereignisse. Zusätzlich gibt es einen zweiten Poisson-Prozeß, welcher die Häufigkeit und die Verteilung der Zellen innerhalb jedes Ereignisses steuert. Dieser Prozeß ist unabhängig vom ersten Poisson-Prozeß, welcher die Verteilung der Ereignisse steuert. Im Aufbau der Ereignisse, die aus mehreren Zellen bestehen können, gibt es folglich eine Hierarchie der Prozesse. Einzelheiten zur Theorie und der Herleitung des Neyman-Scott Cluster-Prozesses finden sich bei Kavvas und Delleur (1981) und bei Waymire und Gupta (1981, 3.).

Die Niederschlagsmodelle in der Literatur sind meist für Zeitskalen im Stunden- oder Tagesbereich konstruiert. Aus der Fülle dieser Modelle werden zwei vorgestellt: ein einfaches Pulsmodell als Beispiel des Poisson-Prozesses (RPM) und ein Clustermodell (NSM). Jedes dieser Modelle steht stellvertretend für eine ganze Klasse von Modellen. Sowohl Puls- als auch Clustermodelle gibt es in vielen Variationen; die beiden vorgestellten sind jeweils die ursprüngliche Variante.

Zusätzlich wird für jede Modellklasse ein neues, den 5-Minutenwerten angepaßtes Modell, als Variante dieser beiden Modelle konstruiert. Dadurch wird eine Verbesserung der Ergebnisse erwartet, verglichen mit der einfachen Übernahme der (großskaligen) Originalmodelle. Mit den zum Teil modifizierten Verteilungen werden die Gleichungen für den Erwartungswert, die Varianz und die Kovarianzen aufgestellt. Die Herleitung dieser modifizierten Gleichungen erfolgt analog zu den Vorlagen aus der Literatur. Ein direkter Vergleich der Ergebnisse der Originalmodelle und der entsprechend der empirischen Häufigkeitsverteilung (HV) der 5-Minutenwerte modifizierten Modelle soll zeigen, ob die vorgenommenen Modifikationen für die 5-Minutenskala auch, wie erwartet eine Verbesserung bringen.

4.1 Überprüfung der Wahrscheinlichkeitsverteilungen der modellierten Größen

Grundlage der Modelle ist, wie oben gezeigt, der kontinuierliche Niederschlagsintensitätsprozeß $\xi(t)$, welcher bestimmte Eigenschaften der Niederschläge beinhaltet. Über die tatsächliche Verteilung dieser Eigenschaften können in den größeren Zeitskalen, wie Stunden- oder Tagessummen, nur Annahmen gemacht werden.

Als erster Schritt werden die Wahrscheinlichkeitsverteilungen der modellierten Größen (Zahl der Ereignisse, Menge pro Ereignis, Dauer...) empirisch überprüft. Dies erfolgt einerseits in der größeren Skala für welche die Modelle konstruiert wurden, anhand von Tagessummen und andererseits für die 5-Minutensummen. Die Tagessummen werden durch Summieren der (auch sonst überall verwendeten) 5-Minutenwerte gebildet. Resultierende Unterschiede sind folglich auf Skalenunterschiede zurückzuführen.

Außerdem setzen alle Modelle voraus, daß die modellierten Größen voneinander unabhängig sind. Anhand des linearen zweidimensionalen Korrelationskoeffizienten der modellierten Größen wird untersucht, ob die realen Daten des Bonner und Kölner Stadtgebietes diese Forderung erfüllen (siehe Tab.4.1). Diese Forderung ist beim mathematischen Aufbau der Modelle wichtig. Für reale Beobachtungen wurde bereits im Kapitel 3, bei den Überlegungen zur Autokorrelation der Menge auf einen möglichen Zusammenhang zwischen der gefallenen Niederschlagsmenge und deren Dauer hingewiesen.

Bei den **Bonner Daten** gibt es wie erwartet eine Korrelation zwischen der gefallenen Niederschlagsmenge und der Dauer (bei den Tagessummen). Bei den **Kölner Daten** können für die zusammengesetzten Ereignisse zusätzlich auch die Korrelationen zwischen der Zahl der Zellen und den übrigen Größen untersucht werden. Erwartungsgemäß ist hier der Korrelationskoeffizient der Gesamtdauer der zusammengesetzten Ereignisse und der Zahl der Zellen, aus denen sie bestehen, sehr hoch.

	Linearer zweidimensionaler Korrelationskoeffizient der				
	Bonner Daten		Kölner Daten		
	5-Min.werte	Tagessummen	5-Min.werte		Tagessummen
			Zellen	Ereignisse	
Menge & Dauer	0.032	0.768	0.598	0.525	0.470
Menge & Pausendauer	-0.125	-0.045	-0.037	-0.030	0.170
Dauer & Pausendauer	0.273	-0.154	-0.074	0.000	0.116
Menge & Zahl Zellen				0.396	
Dauer & Zahl Zellen				0.941	
Pausendauer & Zahl Zellen				0.007	

Tab. 4.1: Linearer zweidimensionaler Korrelationskoeffizient der Modellgrößen für die Daten des Bonner und des Kölner Stadtgebiets in der 5-Minutenskala und für Tagessummen. Für die Kölner 5-Minutenwerte erfolgt die Berechnung sowohl auf Basis der einzelnen Zellen als auch der zusammengesetzten Ereignisse.

4. 1. 1 Statistik der empirisch bestimmten Größen der Tagessummen

Aufbauend auf die Theorie der Punktprozesse wird die Verteilung des Zählprozesses der Ereignisse in der Regel als poissonverteilt und die Dauer der Ereignisse bzw. Zellen als exponentialverteilt vorausgesetzt. In einfachen Fällen wird auch für die Niederschlagsmenge eine Exponentialverteilung gewählt.

Die Überprüfung der Verteilungen für Tagesniederschlag bestätigen die von den Niederschlagsmodellen für diese Zeitskala vorausgesetzten Verteilungen:
Sowohl für die Bonner als auch für die Kölner Daten kann die empirische HV der Menge und der Dauer der Tagessummen als exponentialverteilt angenommen werden (siehe Anhang A5). Für die Zahl der Ereignisse pro Tag gibt es bei dieser Zeitauflösung in der empirischen HV nur zwei Zustände: keinen Ereignisbeginn pro Tag, oder Tage mit einem Ereignisbeginn. Vergleicht man diese (triviale) Verteilung mit einer Poisson-Verteilung, so kann diese angenommen werden.

Dabei ist zu berücksichtigen, daß die theoretischen Annahmen für den kontinuierlichen Niederschlagsintensitätsprozeß $\xi(t)$ gemacht werden und daß die vorliegenden Daten, deren HV geprüft wird die (diskrete) Summe der Niederschläge über einen bestimmten, in diesem Falle recht großen Zeitraum darstellen. Geht man zu kleineren Zeitskalen über, so ist anzunehmen, daß man dem kontinuierlichen Niederschlagsintensitätsprozeß $\xi(t)$ immer näher kommt. Mit einer zeitlichen Auflösung von 5 Minuten sollte bereits mehr vom Niederschlagsintensitätsprozeß $\xi(t)$ zu erkennen sein als mit einer Auflösung im Stunden- oder Tagesbereich.

4. 1. 2 Statistik der empirisch bestimmten Größen der 5-Minutensummen

Die Häufigkeitsverteilung folgender Größen wird für alle 5-Minutensummen des Niederschlags untersucht: die HV der Zahl der Ereignisse pro Tag, der Menge pro Ereignis und der Dauer der Zellen bzw. Ereignisse. (Dabei bezieht sich hier die Betrachtung der Dauer der Ereignisse auf die Bonner Daten und die der Zellen auf die Kölner Daten.) In Tabelle 4.2 finden sich die resultierenden, empirischen Wahrscheinlichkeitsverteilungen der 5-Minutenwerte der Bonner und Kölner Daten. (Einzelheiten zur Bestimmung und Beurteilung dieser Verteilungen finden sich im Anhang A.6.)

Für die Zahl der Ereignisse pro Tag erscheint sowohl für die Bonner als auch für die Kölner Daten die geometrische Verteilung besser geeignet als die Poisson-Verteilung (Abb. 4.1.a und 4.2.a). Einzelheiten dazu wurden bereits im Kapitel 3, anläßlich der Untersuchung der Unabhängigkeit der Ereignisse besprochen.

Für die HV der Niederschlagsmenge der Zellen beider Stadtgebiete ist die Anpassung durch eine Pareto-Verteilung besser als durch eine Exponentialverteilung (Abb. 4.1.b und 4.2.b). Da die Exponentialverteilung besonders im Bereich der großen Niederschlagsmengen im Vergleich mit der beobachteten HV sehr schnell abfällt, erscheint die Pareto-Verteilung geeigneter. Nach Müller (1991) ist die Verteilungsdichte der Pareto-Verteilung

$$f(x) = \frac{\alpha}{x_0} \left(\frac{x_0}{x} \right)^{\alpha+1} \text{ mit } \alpha > 0 \text{ und } x > x_0 > 0 \tag{7}.$$

Diese strebt für große Werte von x langsamer gegen Null als die Exponential- oder die Normalverteilung. Die Pareto-Verteilung wird vor allem in der Soziologie und Ökonomie verwendet, z.B. zu Risikoberechnungen (Hipp, 1998). Die Pareto-Verteilung kann nur Werte oberhalb eines Schwellenwertes x_0 annehmen (Müller, 1991). Dadurch werden bei dieser Verteilung automatisch die kleinen, oft zweifelhaften Werte aussortiert, wenn sie kleiner als der Schwellenwert sind. Infolgedessen bewirkt die Anpassung einer HV an die Pareto-Verteilung automatisch eine Eliminierung zweifelhafter Werte, ohne daß willkürlich sortiert werden muß. Für die Bonner Daten beträgt der Schwellenwert 0.45 mm und für die Kölner Daten 0.35 mm pro Zelle.

Modellgröße:	Bonn		Köln	
	Häufigkeitsverteilung	Mittelwert	Häufigkeitsverteilung	Mittelwert
Zahl der Ereignisse pro Tag [d⁻¹]	geometrische Verteilung	2.077	geometrische Verteilung	0.919
Niederschlagsmenge der Zellen [mm pro Zelle]	Pareto-Verteilung	0.971	Pareto-Verteilung	0.647
Dauer der Zellen [5-Min.Per.]	Exponentialverteilung	16.8*	Exponentialverteilung	1.03*
Zahl der Zellen pro Ereignis	-	-	geometrische Verteilung	2.848
Abstände des Zellbeginns relativ zum Ereignisbeginn [5-Min.Per.]	-	-	Exponentialverteilung	15.821

Tab. 4.2 : Die empirisch gefundenen Wahrscheinlichkeitsverteilungen der 5-Minutensummen des Niederschlags.

Die Verteilung der Dauer der Zellen wird mit einer Exponentialverteilung verglichen (siehe Abb. 4.1.c und 4.2.c). Betrachtet man die HV der Dauer der Zellen, so fällt auf, daß in Bonn und besonders in Köln die Zellen extrem kurzer Dauer unverhältnismäßig stark vertreten sind.

Die theoretische Exponentialverteilung, die mit dem empirischen Mittelwert berechnet wurde, wird für beide Stadtgebiete abgelehnt. Da die empirischen Mittelwerte möglicherweise fehlerhaft und ungenau sind, wird das unter 3.4 und Anhang B.3 beschriebene Optimierungsverfahren angewandt um den Mittelwert zu finden, welcher am besten zu der empirischen HV paßt.

Dieser optimale Mittelwert ist in Tabelle 4.2 gekennzeichnet durch *.

Für die Pareto-Verteilung finden sich keine Parameter, welche die HV der Dauer akzeptabel anpassen, so daß die Anpassung durch die Exponentialverteilung zum optimalen Mittelwert am besten erscheint.

Für die Kölner Daten wird zusätzlich noch die HV der Zahl der Zellen pro Ereignis und die HV der Abstände des Zellbeginns relativ zum Ereignisbeginn berechnet (Abb. 4.2.d und 4.2.e). Im Neyman-Scott-Zellmodell wird der Ereignisbeginn unabhängig vom Beginn einer Zelle definiert. Am Ereignisbeginn muß keine Zelle stehen. Im Fall der praktischen Untersuchung dieser Abstände, erscheint es hier sinnvoll, den Beginn der jeweils ersten Zelle eines Ereignisses auch als Ereignisbeginn festzulegen. Die Beurteilung aller Anpassungen erfolgt mit dem Kolmogoroff-Smirnow-Test zu einem Signifikanzniveau von 1 %.

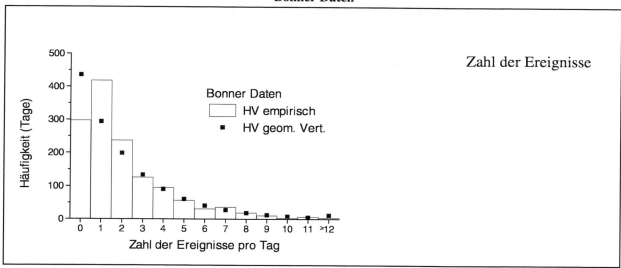

Abb. 4.1 a.: Bonner Daten. Anpassung der empirischen HV der Zahl der Ereignisse durch eine geometrische Verteilung.

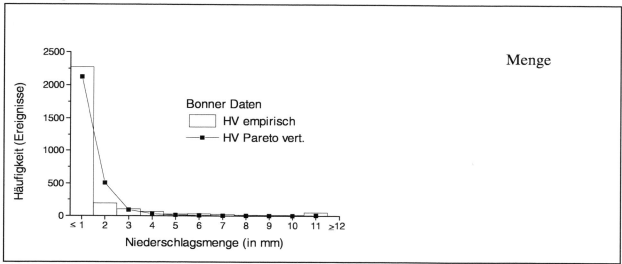

Abb. 4.1 b: Bonner Daten. Anpassung der empirischen HV der Menge durch eine Pareto-Verteilung.

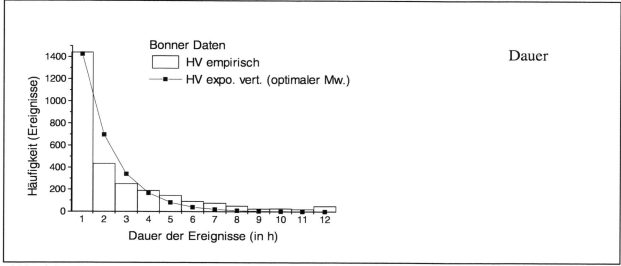

Abb. 4.1 c: Bonner Daten. Anpassung der empirischen HV der Dauer durch eine Exponentialverteilung zum Mittelwert der optimal angepaßten HV.

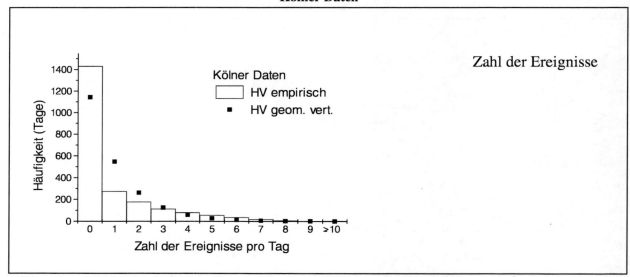

Abb. 4.2 a.: Kölner Daten. Anpassung der empirischen HV der Zahl der Ereignisse durch eine geometrische Verteilung.

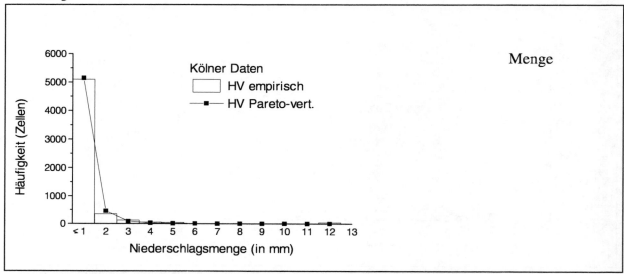

Abb. 4.2 b: Kölner Daten. Anpassung der empirischen HV der Menge durch eine Pareto-Verteilung.

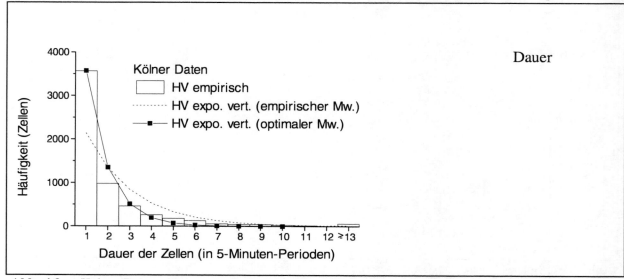

Abb. 4.2 c: Kölner Daten. Anpassung der empirischen HV der Dauer durch eine Exponentialverteilung zum empirisch gefundenen Mittelwert bzw. zum Mittelwert der optimal angepaßten HV.

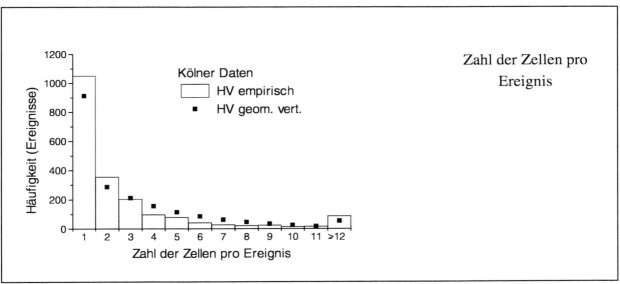

Abb. 4.2 d.: Kölner Daten. Anpassung der empirischen HV der Zahl der Zellen pro Ereignis durch eine geometrische Verteilung.

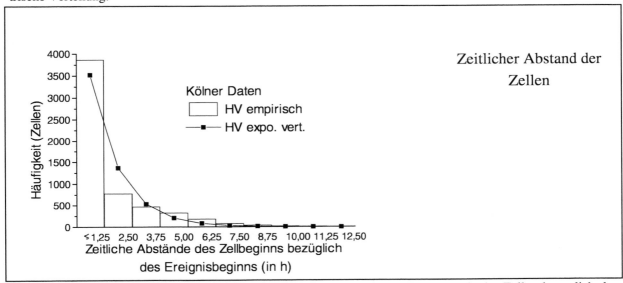

Abb. 4.2 e: Kölner Daten. Anpassung der empirischen HV des zeitlichen Abstands der Zellen bezüglich des Ereignisbeginns durch eine Exponentialverteilung.

Es fällt auf, daß die Zahl der Ereignisse wie auch die Zahl der Zellen pro Ereignis im Fall der an die 5-Minutenwerte angepaßten Modelle geometrisch verteilt sind. In diesem Zusammenhang erscheint die Frage berechtigt, ob diese empirische Verteilung der Zahl der Ereignisse nicht im Widerspruch zur Theorie des Poisson-Prozesses steht, worauf die Niederschlagmodelle aufbauen.

Dieser Frage sind u.a. Kostinski und Jameson (1997) nachgegangen, anläßlich der Beobachtung, daß Regentropfen die Neigung zur Gruppierung und Clusterbildung zeigen. Die von ihnen gefundene Häufigkeitsverteilung der Zahl der Tropfen pro Minute entspricht sehr viel mehr einer geometrischen, als einer Poisson-Verteilung. Sie definieren eine Kohärenz-oder Korrelationszeit, welche die voneinander abhängigen Zeitintervalle umfaßt.

Zwischen geometrischer- und Poisson- Verteilung gibt es durchaus „Übergangsmöglichkeiten": z.B. können die Einzelwahrscheinlichkeiten der negativen Binomialverteilung je nach Größe der Parameter entweder gegen die Einzelwahrscheinlichkeiten der Poisson-Verteilung konvergieren oder gegen die geometrische Verteilung (Müller, 1991).

Diese beiden Verteilungen sind somit beides Grenzfälle der negativen Binomialverteilung. Nach Kostinski und Jameson (1997) bedeutet der Grenzfall der geometrischen Verteilung, daß das Beobachtungsintervall kleiner ist, als die Korrelations- oder Kohärenzzeit. Der Grenzfall der Poisson-Verteilung bedeutet, daß das Beobachtungsintervall größer ist, als die Kohärenzzeit. Dann kann das Auftreten der Ereignisse als Zählprozeß aufgefaßt werden.

Nach Waymire und Gupta (1981, 2) kann die geometrische Verteilung als Vermischung oder Überlagerung von Poisson-Verteilungen mit unterschiedlichen Parametern angesehen werden.

Somit deutet sich an, daß der Übergang zu einer anderen Beobachtungsskala (=Auflösung) auch einen Übergang von der Poisson-Verteilung zur geometrischen Verteilung (und umgekehrt) bewirken kann. Die vorliegenden Ergebnisse sind im Einklang mit anderen feinskaligen Untersuchungen.

4. 2 Rechteckige Pulsmodelle

Die Abbildung 4.3 stellt die Struktur eines rechteckigen Pulsmodells schematisch dar. Üblicherweise verwendet man „rechteckige Pulse", deren Intensität über die ganze Pulsdauer konstant bleibt und am Ende plötzlich wieder auf Null zurückspringt. Der Beginn des ersten Ereignisses wird durch τ_1 gegeben; τ_2 gibt den Zeitpunkt des Beginns des zweiten Ereignisses an usw.. Unterschiedliche Pulse dürfen sich überlappen; dann werden ihre Intensitäten addiert (siehe Ereignis zwei, welches aus Puls 2 und 3 besteht). Die Niederschlagsintensität dieser drei Pulse wird durch i_{r1}, i_{r2} und i_{r3} gegeben. Ein Puls hat eine bestimmte (positive) Dauer, bezeichnet mit t_{r1}, t_{r2} und t_{r3}. Daß sich unterschiedliche Pulse im Modell überlappen dürfen, widerspricht der Beobachtung, wo sich unterschiedliche Zellen nicht überlappen. In der Realität werden die Zellen (und Ereignisse) hintereinander oder nebeneinander beobachtet und definiert. Wollte man die modellierten Pulse den beobachteten Zellen angleichen, so wäre eine zusätzliche Zwangsbedingung nötig, welche das Überlappen der Pulse verhindern soll.

So wie Puls und Zelle nicht deckungsgleich sind, so muß auch beachtet werden, daß hier ein Ereignis nicht die Bedeutung eines Stichprobenelements hat, sondern nur suggestiv ein Element des hydrologischen Modells beschreibt. Die Untersuchungsergebnisse zu den (mühsam definierten) Ereignissen der Stichprobe (Kap.4.1) können deswegen nicht automatisch für die Pulse und Ereignisse im Sinn der Niederschlagsmodelle übernommen werden.

Wegen dem erlaubten Überlappen der Pulse ist es nicht sinnvoll die „Stichprobenereignisse" und die „Modellereignisse" gleich zu setzen und die empirischen Parameter der Verteilungen der Zahl der Ereignisse, der Menge und Dauer etc. als Modellparameter zu übernehmen. Es ist aber anzunehmen, daß es Ähnlichkeiten gibt, zwischen den „Stichprobenereignissen" und den „Modellereignissen".

(Etwas abstrakter als ein Puls ist der „burst" definiert. Darunter versteht man das plötzliche, explosionsartige Ausfallen der Niederschlagsmenge. Dieser hat keine Dauer und ist streng genommen eine Singularität. In einigen einfachen Modellen wird der Niederschlag durch bursts dargestellt.)

Die empirisch gefundenen Verteilung der Zahl der Ereignisse der Bonner 5-Minutenwerte zeigt, daß jede Niederschlagssequenz unabhängig von den anderen ist und folglich auch als Ereignis angesehen werden kann (Kap.3). Diese einfache Struktur ähnelt der Struktur eines Pulsmodells. Deswegen wird hier als erstes ein rechteckiges Pulsmodell vorgestellt, in der Originalversion (RPM) sowie eine entsprechend den empirischen Verteilungen der Bonner Daten modifizierte Version (MRPM).

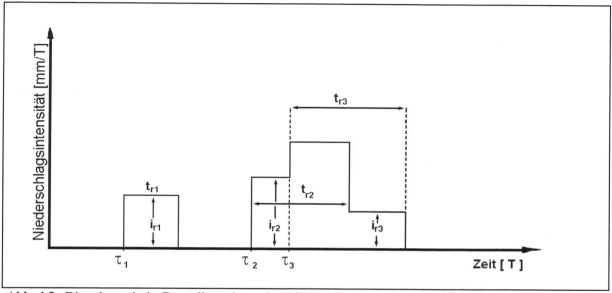

Abb. 4.3.: Die schematische Darstellung des rechteckigen Pulsmodells (nach Rodriguez-Iturbe et al., 1984)

RPM: Rechteckiges Pulsmodell nach Rodriguez-Iturbe et al., 1984 (Markov-Modell)

Die einzelnen Schritte in der Herleitung der Modellgleichungen folgen im wesentlichen Rodriguez-Iturbe et al. (1984). Hier werden für die Modellgrößen folgende Verteilungen angenommen: die Poisson-Verteilung für die Zahl der Ereignisse; die Exponentialverteilung für die Niederschlagsmenge pro Zeit (Intensität) und die Dauer der Zellen. Wie anfangs angegeben, werden drei Modellgleichungen hergeleitet (für den Erwartungswert, die Varianz und die Kovarianzen).

Im Pulsmodell kann für den Niederschlagsintensitätsprozeß $\xi(t)$ folgende Form gewählt werden:

$$\xi(t) = h(t, \tau, t_r, i_r)dN(t) \qquad [\xi(t)] = \text{mm/h} \qquad (8).$$

Dabei bezeichnet dN(t) den Zählprozeß: dN(t) ist in allen Fällen Null, außer wenn im Zeitintervall t, t+dt ein Puls beginnt; dann gilt dN(t)=1.

Die anderen Eigenschaften des Niederschlags finden sich in h(t, τ, t_r, i_r): t gibt die Zeit nach (9) an, τ gibt den Zeitpunkt des Beginns eines beliebigen Pulses, t_r, die Dauer und i_r die Gesamtniederschlagsmenge eines Pulses an. Folgende Bedingung muß erfüllt werden:

$$h(t, \tau, i_r) = i_r \qquad \text{für } \tau < t < t_r + \tau \qquad [h(t, \tau, t_r, i_r)] = \text{mm/h}$$
$$= 0 \qquad \text{für alle anderen Zeiten} \qquad (9).$$

Um die mögliche Überlagerung der Pulse zu berücksichtigen, wird die Niederschlagsintensität für einen Zeitpunkt t bestimmt durch

$$\xi(t) = \sum_n h(t, \tau_n, t_r, i_r) = \int_{-\infty}^{t} h(t, \tau, t_r, i_r) dN(\tau) \tag{10}$$

Dabei werden die einzelnen Pulse durch den Index n bezeichnet. Dies gilt auch für Abb.4.3.

i.) Für den **Erwartungswert** des Niederschlagintensitätsprozesses $\xi(t)$ gilt:

$$E[\xi(t)] = E[N(t)] \int_{-\infty}^{t} E[h(t, \tau, t_r, i_r)] d\tau \tag{11}$$

Für die Pulsdauer wird angenommen, daß sie einer Exponentialverteilung mit der Dichte $f(t_r) = \eta e^{-\eta t_r}$ und dem Erwartungswert $E[t_r] = 1/\eta$ mit $\eta > 0$ entspricht. Damit erhält man unter Berücksichtigung von (9), mittels der Wahrscheinlichkeit, ob zum untersuchten Zeitpunkt t Regen fällt, den Erwartungswert $E[h(t, \tau, t_r, i_r)]$:

$$E[h(t, \tau, t_r, i_r)] = E[i_r] P(t_r > t - \tau) = E[i_r] e^{-\eta(t-\tau)} \tag{12}$$

Somit ist der Erwartungswert der Niederschlagintensität $\xi(t)$:

$$E[\xi(t)] = E[N(t)] E[i_r] \int_{-\infty}^{t} e^{-\eta(t-\tau)} d\tau = E[N(t)] E[i_r] \frac{1}{\eta} = E[N(t)] E[i_r] E[t_r] \tag{13}$$

In der Originalversion ist der Zählprozeß N(t) ein Poisson-Prozeß mit dem Parameter λ (siehe rechteckiges Pulsmodell nach Rodriguez-Iturbe et al., 1984). Die Intensität wird als exponentialverteilt mit dem Erwartungswert $1/\mu$ angenommen. Das führt in (Gl. 13) zu:

$$E[\xi(t)] = \frac{\lambda}{\mu\eta} \tag{14}$$

Da die Messung des Niederschlags durch das Bestimmen der, in diskreten Zeitintervallen (T) gefallenen Niederschlagsmenge erfolgt, muß auch in den Modellen der Übergang zum kumulativen, diskreten Prozeß durchgeführt werden. Dazu wird folgende Integration durchgeführt:

$$E[Y_i] = \int_{(i-1)T}^{iT} E[\xi(s)] ds \qquad i = 1, 2, \dots \tag{15}$$

Damit ist die Modellgleichung für den Erwartungswert des kumulativen Prozesses Y(T):

$$E[Y(T)] = \frac{\lambda T}{\mu\eta} \tag{16}$$

ii.) Der Erwartungswert der **Kovarianz** des Niederschlagintensitätsprozesses $\xi(t)$ wird für $t_1 \leq t_2$ folgendermaßen bestimmt:

$$Cov[\xi(t_1), \xi(t_2)] = E[N(t)] \int_{-\infty}^{t_1} E[h(t_1, \tau, t_r, i_r) h(t_2, \tau, t_r, i_r)] d\tau \tag{17}$$

Liegt einer der Zeitpunkte t_1 oder t_2 (oder beide) außerhalb eines Pulses, so wird wegen Gl.9 kein Beitrag geleistet. Unter Benutzung der Wahrscheinlichkeiten, daß t_1 wie auch t_2 innerhalb eines Niederschlagsereignisses liegen und der Annahme, daß die Dauer exponentialverteilt ist, erhält man

$$E\left[h(t_1,\tau,t_r,i_r)h(t_2,\tau,t_r,i_r)\right] = E\left[i_r^2\right]P(t_r \geq t_2 - \tau) = E\left[i_r^2\right]e^{-\eta(t_2-\tau)} \qquad (18).$$

In (18) benötigt man den Wert von $E[i_r^2]$. In der Originalversion, wo die Intensität exponentialverteilt ist, gilt $E[i_r^2] = 2\,E[i_r]^2 = 2/\mu^2$. Wird (18) in (17) eingesetzt und die Integration ausgeführt, so ist

$$Cov[\xi(t_1),\xi(t_2)] = E[N(t)]E\left[i_r^2\right]\int_{-\infty}^{t_1}e^{-\eta(t_2-\tau)}d\tau = \frac{2\lambda}{\eta\mu^2}e^{-\eta(t_2-t_1)} \qquad \text{mit } t_2 - t_1 \geq 0 \qquad (19).$$

Um zum kumulativen, diskreten Prozeß zu gelangen, wird folgende Integration durchgeführt:

$$Cov[Y_1(T),Y_2(T)] = \int_{(k-1)T}^{kT}dt\int_0^T Cov[\xi(t),\xi(s)]ds \qquad \text{mit } t = t_2,\ s = t_1 \text{ und } k \geq 1 \qquad (20).$$

Diese Operation ergibt mit (19)
$$Cov[Y_1(T),Y_2(T)] = \int_{(k-1)T}^{kT}dt\int_0^T\left(\frac{2\lambda}{\eta\mu^2}e^{-\eta(t-s)}\right)ds \qquad (21).$$

Was zu folgender Modellgleichung für die Kovarianz zu lag k-1 führt

$$Cov[Y_1(T),Y_k(T)] = \frac{2\lambda}{\eta^3\mu^2}(1-e^{-\eta T})^2 e^{-\eta T(k-2)} \qquad k \geq 2 \qquad (22)$$

Dabei bezeichnet „lag" die zeitliche Verschiebung (Zeitschritte) zwischen den betrachteten Zeitpunkten.

iii.) Will man die Modellgleichungen der **Varianz** berechnen, so wird genauso vorgegangen, wie bei der Herleitung der Gleichung der Kovarianzen. Einziger Unterschied ist hier, daß für die Varianz jeder Zeitschritt mit sich selber korreliert wird, d.h. die Zeitverschiebung ist null, was in den Berechnungen durch k=1 gewährleistet wird. Damit lautet die Varianz für die Originalversion, analog zu (22) mit einer Näherung für $e^{\eta T}$:

$$Var[Y(T)] = \frac{2\lambda}{\eta^3\mu^2}(1-e^{-\eta T})^2 e^{\eta T} \approx \frac{4\lambda}{\eta^3\mu^2}(\eta T - 1 + e^{-\eta t}) \qquad (23).$$

Das **RPM** besteht aus den Gleichungen 16, 22 und 23, die hier noch einmal zusammen angeführt werden:

Erwartungswert: $$E[Y(T)] = \frac{T\lambda}{\mu\eta}$$	(16)
Kovarianzen zu lag k-1: $$Cov[Y_1(T),Y_k(T)] = \frac{2\lambda}{\eta^3\mu^2}(1-e^{-\eta T})^2 e^{-\eta T(k-2)} \qquad k \geq 2$$	(22)
Varianz (k=1): $$Var[Y(T)] = \frac{4\lambda}{\eta^3\mu^2}(\eta T - 1 + e^{-\eta T})$$	(23)

Das Zeitintervall T kann variiert werden: von z.B. einer Stunde über sechs oder zwölf Stunden bis zu einem Tag oder Monat.

MRPM: Modifiziertes, rechteckiges Pulsmodell

Werden die empirisch gefundenen Verteilungen (Zahl der Ereignisse geometrisch verteilt, Menge Pareto-vereteilt und Dauer exponentialverteilt) statt der Verteilungen aus der Literatur benutzt, so erhält man das modifizierte rechteckige Pulsmodell.

i.) Die Herleitung der Modellgleichung für den **Erwartungswert der Niederschlagsmenge** des modifizierten Modells MRPM folgt der Originalversion. Da auch in den modifizierten Modellen für die Dauer der Pulse die Exponentialverteilung angenommen wird, bleiben alle anfänglichen Überlegungen inklusive der Wahrscheinlichkeitsabschätzung in Gl. 12 gültig. Für die Zahl der Ereignisse wird die geometrische Verteilung angenommen. Dafür lautet der Erwartungswert $E[N(t)] = \dfrac{p}{(1-p)}$. Der Erwartungswert der Intensität wird als Pareto-verteilt angenommen. Für die Pareto-Verteilung gilt $E[i_r] = \dfrac{\alpha\,x_0}{(\alpha-1)}$ (Müller, 1991). Damit ergibt Gl.13 für den Erwartungswert von $\xi(t)$:

$$E[\xi(t)] = \frac{p}{(1-p)}\frac{\alpha\,x_0}{(\alpha-1)}\frac{1}{\eta} \qquad (24).$$

Nach der Integration (15) ist der Erwartungswert des kumulativen Prozesses

$$E[Y(T)] = \frac{p}{(1-p)}\frac{\alpha\,x_0}{(\alpha-1)}\frac{T}{\eta} \qquad (25).$$

ii.) Auch die Berechnung der Gleichungen für die **Kovarianz** folgt der Originalversion. Bei den modifizierten Modellen wird in (18) für die Menge der Erwartungswert $E[i_r^2]$ der Pareto-Verteilung eingesetzt. Dieser kann aus dem Erwartungswert und der Varianz bestimmt werden $E[x^2] = E[x]^2 + \sigma^2$. Nach Müller (1991) gilt für die der Varianz der Pareto-Verteilung $\sigma^2 = \dfrac{\alpha x_0{}^2}{(\alpha-1)^2(\alpha-2)}$ mit $\alpha>2$. Damit ist

$$E[i_r{}^2] = \frac{\alpha x_0{}^2}{(\alpha-1)^2(\alpha-2)} + \frac{\alpha^2 x_0{}^2}{(\alpha-1)^2} = \frac{\alpha x_0{}^2}{(\alpha-2)} \qquad (26).$$

Das Einsetzten der Erwartungswerte der angepaßten Verteilungen in (18) und Durchführen der Integration (17) ergibt:

$$Cov[\xi(t_1),\xi(t_2)] = E[N[t]]E[i_r{}^2]\int\limits_{-\infty}^{t_1} e^{-\eta(t_2-\tau)}d\tau = \frac{p}{(1-p)}\frac{\alpha\,x_0{}^2}{(\alpha-2)}\frac{e^{-\eta(t_2-t_1)}}{\eta} \qquad (27).$$

Wird (27) in Gl.20 eingesetzt, so ist die Kovarianz des kumulativen, diskreten Prozesses

$$Cov[Y_1(T),Y_k(T)] = \frac{p}{(1-p)}\frac{\alpha x_0^2}{(\alpha-2)}\frac{e^{-\eta T(k-2)}}{\eta^3}(1-e^{-\eta T})^2 \qquad \text{mit } k\geq 2 \qquad (28).$$

iii.) Für k=1 in (28) erhält man die Gleichung der **Varianz** des modifizierten Modells:

$$Var[Y(T)] = \frac{p}{(1-p)}\frac{\alpha x_0^2}{(\alpha-2)}\frac{e^{\eta T}}{\eta^3}(1-e^{-\eta T})^2 \qquad (29).$$

Das **MRPM** bestehend aus den Gleichungen 25, 28 und 29:

Erwartungswert:
$$E[Y(T)] = \frac{p}{(1-p)} \frac{\alpha \, x_0}{(\alpha - 1)} \frac{T}{\eta} \tag{25}$$

Kovarianzen zu lag k-1:
$$Cov[Y_1(T), Y_k(T)] = \frac{p}{(1-p)} \frac{\alpha \, x_0^2}{(\alpha - 2)} \frac{e^{-\eta T(k-2)}}{\eta^3} (1 - e^{-\eta T})^2 \qquad \text{mit } k \geq 2 \tag{28}$$

Varianz (k=1):
$$Var[Y(T)] = \frac{p}{(1-p)} \frac{\alpha \, x_0^2}{(\alpha - 2)} \frac{e^{\eta T}}{\eta^3} (1 - e^{-\eta T})^2 \tag{29}$$

Auch hier kann der Übergang zu einer anderen Skala mittels einer Veränderung des Zeitschrittes erreicht werden.

4. 3 Clustermodelle

Aus der Klasse der Clustermodelle werden das rechteckige Neymann-Scott Clustermodell nach Entekhabi et al. (1989) in der Originalversion, sowie die entsprechend den Kölner Daten modifizierte Variante vorgestellt und verwendet.

Der Aufbau des Neymann-Scott-Modells folgt den gleichen Schritten wie das einfache Pulsmodell. Einzelheiten dazu, weitere Erklärungen und andere Varianten des Neymann-Scott-Modells finden sich z.B. bei Entekhabi et al. (1989), Rodriguez-Iturbe et al. (1987), Waymire und Gupta (1981 3.) oder Kavvas und Delleur (1981). Deswegen werden hier sowohl für die Originalversion, als auch für die modifizierte Version direkt die eigentlichen Modellgleichungen aufgeführt.

NSM: Neyman-Scott Clustermodell nach Entekhabi et al., 1989

Abbildung 4.4 zeigt schematisch den Aufbau dieses Modells. Wie bereits am Anfang dieses Kapitels beschrieben, wird der Niederschlagsintensitätsprozeß durch zwei Poisson-Prozesse gesteuert. Dabei wird die HV der Ereignisse durch eine Poisson-Verteilung mit dem Parameter λ gegeben. Der Beginn des m-ten Ereignisses wird in der Abbildung 4.4. mit T_m bezeichnet. Jedes Ereignis kann aus einer oder mehren Zellen bzw. Pulsen bestehen. Die HV der Pulse innerhalb eines Ereignisses folgt einer Poisson-Verteilung mit dem Parameter μ_c. Die Anfangszeiten der Pulse der Ereignisse in Abb. 4.4 werden als $t_{m,n}$ bezeichnet, wobei die erste Zahl im Index das Ereignis und die zweite die Zahl des Pulses angibt. In gleicher Weise erfolgt die Kennzeichnung der Intensität und der Dauer der Pulse ($i_{r\,m,n}$ bzw. $t_{r\,m,n}$).

Die Pulse, aus welchen die Zellen aufgebaut sind, dürfen sich zeitlich überlappen, selbst wenn sie zu unterschiedlichen Ereignissen gehören. Dann werden die Intensitäten wie im Fall des einfachen Pulsmodells addiert (z.B. Ereignis 2 in Abb. 4.4). Innerhalb eines Ereignisses wird der zeitliche Abstand der Pulse bezüglich des Ereignisbeginns T_m durch eine Exponentialverteilung mit dem Parameter β gegeben. Die Dauer der Pulse und die gefallene Menge sind exponentialverteilt mit den Parametern η bzw. μ.

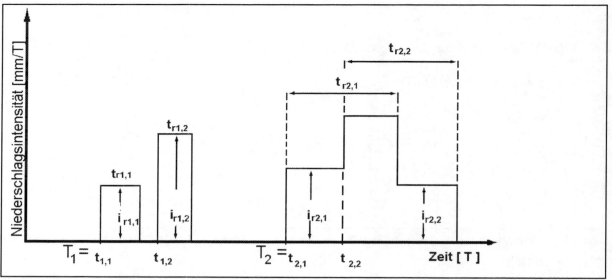

Abb. 4.4.: Die schematische Darstellung des Neyman-Scott Clustermodells

Für dieses Modell lauten die Gleichungen der statistischen Momente des kumulativen, diskreten Prozesses für das Zeitintervall T:

Erwartungswert:

$$E[Y(T)] = \frac{T\lambda\mu_c}{\mu\eta} \tag{30}$$

Kovarianzen zu lag k:

$$Cov[Y_i(T),Y_{i+k}(T)] = \frac{\lambda}{\eta^3}(1-e^{-\eta T})^2 e^{-\eta T(k-1)}\left\{\frac{2\mu_c}{\mu^2} + \frac{(\mu_c^2+2\mu_c)}{\mu^2}\frac{\beta^2}{2(\beta^2-\eta^2)}\right\} - \tag{31}$$

$$\lambda(1-e^{-\beta T})^2 e^{-\beta T(k-1)}\frac{(\mu_c^2+2\mu_c)}{2\mu^2\beta(\beta^2-\eta^2)} \qquad k \geq 1$$

Varianz:

$$Var[Y(T)] = \frac{\lambda}{\eta^3}(\eta T-1+e^{-\eta T})\left\{\frac{4\mu_c}{\mu^2} + \frac{(\mu_c^2+2\mu_c)}{\mu^2}\frac{\beta^2}{(\beta^2-\eta^2)}\right\} - \lambda(\beta T-1+e^{-\beta T})\frac{(\mu_c^2+2\mu_c)}{\mu^2\beta(\beta^2-\eta^2)} \tag{32}$$

MNSM: Modifiziertes Neyman-Scott Clustermodell

Die empirisch bestimmten Verteilungen der Zelldauer und der Verteilung der Zellen bezüglich des Ereignisbeginns der Kölner 5-Minutenwerte können mit den Parametern η bzw. β als exponentialverteilt angenommen werden. Modifiziert werden die Verteilungen der Zahl der Ereignisse und der Zellen welche beide als geometrisch verteilt mit dem Parameter p bzw. c angenommen werden. Die Menge wird durch eine Pareto-Verteilung mit den Parametern a und x_0 modelliert. Durch den Vergleich mit den empirischen Verteilungen der 5-Minutenwerte von Köln erscheinen diese Verteilungen für die Skala geeigneter als die von Entekhabi angenommenen (die Zahl der Ereignisse und Zellen: Poisson-verteilt; die Menge: exponentialverteilt).

Damit lauten die Modellgleichungen des MNSM:

$$
\text{Erwartungswert:} \quad E\big[Y(T)\big] = \frac{p}{(1-p)}\frac{c}{(1-c)}\frac{\alpha\,x_0}{(\alpha-1)}\frac{T}{\eta} \tag{33}
$$

Kovarianzen zu lag k:

$$
Cov\big[Y_i(T), Y_{i+k}(T)\big] = \tag{34}
$$

$$
\frac{p}{(1-p)}\frac{c}{(1-c)}\frac{e^{-\eta T(k-1)}}{\eta^3}\big(1-e^{-\eta T}\big)^2\left\{\frac{\alpha\,x_0^{\,2}}{(\alpha-2)} + \left[\frac{c}{(1-c)}-1\right]\left(\frac{\alpha x_0}{\alpha-1}\right)^2\frac{\beta^2}{(\beta^2-\eta^2)}\right\} -
$$

$$
\frac{p}{(1-p)}\frac{c}{(1-c)}\left[\frac{c}{(1-c)}-1\right]\left(\frac{\alpha x_0}{\alpha-1}\right)^2\frac{1}{(\beta^2-\eta^2)}\left\{\frac{e^{-\beta T(k-1)}}{\beta}\big(1-e^{-\beta T}\big)^2\right\} \qquad k \geq 1
$$

Varianz (für k=0):

$$
Var\big[Y(T)\big] = \frac{p}{(1-p)}\frac{c}{(1-c)}\frac{e^{\eta T}}{\eta^3}\big(1-e^{-\eta T}\big)^2\left\{\frac{\alpha\,x_0^{\,2}}{(\alpha-2)} + \left[\frac{c}{(1-c)}-1\right]\left(\frac{\alpha x_0}{\alpha-1}\right)^2\frac{\beta^2}{(\beta^2-\eta^2)}\right\} - \tag{35}
$$

$$
\frac{p}{(1-p)}\frac{c}{(1-c)}\left[\frac{c}{(1-c)}-1\right]\left(\frac{\alpha x_0}{\alpha-1}\right)^2\frac{1}{(\beta^2-\eta^2)}\left\{\frac{e^{\beta T)}}{\beta}\big(1-e^{-\beta T}\big)^2\right\}
$$

4. 4 Die Bestimmung der Modellparameter

Alle Modellgleichungen sind Funktionen von j Unbekannten. Dieses sind die Parameter der verwendeten Verteilungen, die wie in Kap.4.2. beschrieben, nicht aus den Voruntersuchungen übernommen werden können. Die Modellparameter werden mit Hilfe empirischer Schätzwerte bestimmt. Dazu werden für j unbekannte Modellparameter die gleiche Anzahl j Modellgleichungen benötigt. Sollen beispielsweise drei Modellparameter bestimmt werden, so können diese aus den empirisch gefundenen Werten des Mittelwerts, der Varianz und der Kovarianz zu lag 1 der realen Daten bestimmt werden.

Die Modellparameter werden mit der Methode der kleinsten Fehlerquadrate bestimmt (Entekhabi et al., 1989; Islam et al. 1990). Das Minimum folgender Summe wird gesucht:

$$
\big(F_1(X)/\theta_1 - 1\big)^2 + \big(F_2(X)/\theta_2 - 1\big)^2 + \dots \big(F_j(X)/\theta_j - 1\big)^2 \tag{Gl.36}
$$

Dabei gibt X den Parametervektor mit j Komponenten an. Die Größen θ_1 bis θ_j sind die empirisch bestimmten Momente (Mittelwert, Varianz, Kovarianzen...) und $F_1(X)$ bis $F_j(X)$ deren, mit den Modellgleichungen berechnete Analoga. Jenes Parameterset welches Gl.36 minimiert, wird gesucht und bestimmt die Werte der Parameter. In der Regel findet man kein Parameterset, welches alle angegebenen Momente gleichermaßen gut wiedergibt.

Werden nur wenige Parameter bestimmt, so müssen wenige Momente gleichzeitig angepaßt werden und das funktioniert gut. Allerdings beinhalten diese Modelle wenig Information, was sich auf die Qualität der Ergebnisse auswirken kann.

Werden viele Parameter bestimmt, so erfolgt die gleichzeitige Anpassung an entsprechend viele Momente. Das führt zu einem Kompromiß und einzelne Momente werden nicht mehr so gut wiedergegeben wie im vorherigen Fall. Hier erhalten die Modelle jedoch entsprechend mehr Information.

Wie Berechnungen zeigten, kann das resultierende Parameterset variieren, je nach dem, aus welchen empirischen Momenten es bestimmt wurde. Es gibt keine theoretische Zwangsbedingung, die vorschreibt, welche empirischen Momente für die Berechnung der Parameter verwendet werden. In Kapitel 5.1 wird dieses Problem weiter besprochen.

Selbst die Option, den minimalen Anpassungsfehler gemäß Gl.36 zu berechnen ist nicht zwingend notwendig. Gupta et al. (1998) geben eine Reihe anderer Funktionen an, die zur Parameterbestimmung verwendet werden. Demnach gibt es eine ganze Reihe Parametersets, welche für das entsprechende Modell geeignet sind. Es ist somit nicht möglich, das „einzige und wahre" Parameterset zu bestimmen.

4.5 Berücksichtigung des Einflusses der Wetterlage auf die Modellgrößen

Die folgenden Berechnungen sollen den Einfluß des Wettergeschehens auf die Modellgrößen verdeutlichen. In bisherigen Modellen werden alle Niederschlagsereignisse ohne Rücksicht auf ihren Charakter durch einen Prozeß dargestellt. Hier soll geprüft werden, wie empfindlich die Modelle auf unterschiedliche Niederschlagstypen z.B. auf die Unterschiede zwischen konvektiven und frontalen Niederschlägen reagieren.

In der Meteorologie werden unterschiedliche Aspekte atmosphärischer Störungen als Sturm bezeichnet. In den Bereich der hier betrachteten Mesoskala fallen die lokalen Stürme, zu denen auch die Gewitter gehören. Gewitter entstehen entweder an Frontalzonen oder als konvektive Wärmegewitter im Falle einer labilen Luftschichtung. Sie setzen eine gewisse Luftfeuchte und Erwärmung der Luft voraus, welche die Entstehung von Cumulonimbus-Wolken erlauben. Ein Gewitter zeichnet sich in der Regel durch elektrische Phänomene, starken Wind, kräftigen Niederschlag, manchmal Hagel aus.

Am Beispiel der Ereignisse an Gewittertagen und jenen an den „Nichtgewittertagen" wird untersucht, ob die Niederschlagsmodelle generell gelten, oder ob es sinnvoller ist, z.B. Gewitterereignisse durch einen anderen Prozeß darzustellen. In diesem Kontext stellt ein „Gewitterereignis" eigentlich ein Ereignis an einem Gewittertag dar. Im Bereich der Bundesrepublik treten im Mittel 15 bis 30 Gewittertage jährlich auf. Die Entstehungsbedingungen sind in den Sommermonaten weitaus günstiger (Westermann, 1969).

4.5.1 Identifizierung von Gewittertagen

Als nächstes folgt die Untersuchung von Kriterien um Ereignisse an Gewittertagen von den restlichen zu unterscheiden. Anfangs wird die Anwendung von Gewitterindizes untersucht (I). Dazu werden zusätzlich Informationen von Radiosondenaufstiegen in 12-Stundenabständen verwendet. Eine andere Möglichkeit Gewittertage aufzuspüren, besteht in der Auswertung von Wettermeldungen für den betrachteten Zeitraum (II). Durch diese beiden Vorgänge können in einem ersten Schritt jene Tage herausgesucht werden, an denen es großräumig im Rheinland Gewitter gegeben hat, oder an denen hier Gewitterneigung herrschte.

Da Gewitter, bedingt durch ihren konvektiven Charakter eine sehr große regionale Variabilität haben, wird in einem zweiten Schritt geprüft, ob das untersuchte Gewitterereignis das betrachtete Stadtgebiet getroffen hat. Dazu muß am entsprechenden Tag wenigstens eine Station des betrachteten Stadtgebietes heftigen Niederschlag aufweisen. (Die Diskussion, welche

Niederschlagsereignisse als heftig angesehen werden, folgt zwei Seiten weiter.) Die gefundenen Gewittertage für Bonn und Köln finden sich in Tabelle 4.3. Die restlichen Tage an denen Niederschlag fiel, werden in diesem Kapitel als Nichtgewittertage mit Niederschlag bezeichnet.

I. Identifizierung von Gewittertagen anhand von **Gewitterindizes**

Um die Gewitterneigung der Luftmassen abzuschätzen werden sogenannte Gewitterindizes berechnet. Dieses sind Kennzahlen (Indikatoren) für die Labilität der Luftschichtung und können aus aktuellen Daten wie auch zwecks Vorhersage aus Simulationen bestimmt werden. Zur Berechnung der Gewitterindizes benötigt man meist Informationen aus der 850 hPa- der 700 hPa- und der 500-hPa-Schicht, wie z.B. Temperatur und Taupunkttemperatur. Diese Messungen können nur mit Radiosonden durchgeführt werden. Die nächstliegende Station zu Bonn und Köln, die solche Messungen ausführt, ist in Essen. Deswegen werden zur Berechnung der Gewitterindizes Daten aus Essen verwendet.

	Gewittertage			
	6. 1994	7. 1994	8. 1994	6. 1995
Steinbeck-Index (Gewitter erwartet)	5, 10, 26, 28,29	4, 5, 7, 15, 17, 18, 20, 22, 25, 26, 30	1, 6, 7, 10, 12, 18, 22, 24, 28	3, 4, 5, 6, 10, 11, 12, 13, 14
Totals-Totals-Index (Gewitter verbreitet)	1, 4, 10, 11, 14, 24, 25	7	-	10
K-Index (≥80 %)	29	4, 14, 25, 28, 30	1,5, 28	-
Showalter-Index (≥0)	25, 28, 29	2, 3, 4, 5, 7, 14, 18, 25, 26, 27, 28, 30	1, 5, 12, 24, 28	21
Berliner Wetterkarte	9, 10,11, 18	4, 5, 13, 14, 17, 18, 19, 25, 26, 28	1, 7, 8, 18, 22, 23, 24, 28	6, 21
Witterungsbericht NRW	2, 3, 8, 10, 28, 29	4, 13, 14, 18, 25, 26, 27, 28, 30, 31	1, 5, 7, 10, 11, 17, 19, 22, 23	4, 5, 9, 13
Gewitter beobachtet	2, 8	4, 13, 14, 28	7, 19	4, 5
	(N_{Mit}=11.97 mm)	(N_{mit}=13.12 mm)	(N_{Mit}=12.16 mm)	(N_{Mit}=12.20 mm)

Tab. 4.3.a: Bonner Daten.

	Gewittertage			
	6. 1995	7. 1995	8. 1995	6. 1996
Berliner Wetterkarte	6, 21	2, 3, 11,12, 22, 27, 28	23	1, 8, 22, 29, 30
Witterungsbericht NRW	4, 5, 9, 13	2, 3, 9, 11, 15, 16, 17, 22, 26, 27	6, 12, 13, 19, 20, 23, 27, 28, 29	7, 8, 22
Gewitter beobachtet	4, 13	2, 11, 27	-	1, 22, 29
	(N_{Mit}=12.93 mm)	(N_{Mit}=17.52 mm)	(N_{Mit}=3.53 mm)	(N_{Mit}=7.32 mm)

Tab. 4.3.b: Kölner Daten.

Übersicht der mit unterschiedlichen Kriterien definierten Gewittertage. In der letzten Zeile findet sich der monatliche Grenzwert der Niederschlagsmenge N_{mit} des betrachteten Stadtgebiets, welcher von wenigstens einer Station überschritten werden muß, um hier den entsprechenden Tag als Gewittertag anzuerkennen.

Die Radiosondendaten stehen jeweils für 0 Uhr und 12 Uhr zur Verfügung. Die Gewitterindizes werden für den Zeitraum der Bonner Daten für beide Uhrzeiten nach Prenosil

(1989) berechnet. Wird wenigstens zu einer dieser Zeiten eine Gewitterneigung erkannt, so wird dieser Tag für den jeweiligen Index als Gewittertag angerechnet. Es werden für den Zeitraum der Bonner Daten (Juni bis August 1994 und Juni 1995) testweise folgende vier Gewitterindizes berechnet: Steinbeck, Showalter, Totals-Totals, und K-Index. Dieses ist nur eine kleine Auswahl; in der Literatur findet sich noch eine Reihe weiterer Gewitterindizes (Prenosil, 1989; Galway; 1956).

Die Ergebnisse dieser Indizes sind nicht eindeutig und sind manchmal sogar widersprüchlich. Da diese Indizes nur Größen oberhalb der Grenzschicht berücksichtigen, werden wichtige Konvektionseigenschaften nicht erfaßt (Tagesgang über Land, orographische Auslösung usw.) (Prenosil, 1989). Bei der Identifizierung der Gewittertage mittels der hier vorgestellten Indizes bleibt die Frage offen, wie gut die Ergebnisse von Essen auf Bonn oder Köln übertragen werden können, da Gewitter oft regional unterschiedlichen Charakter haben. Der Vergleich mit den Niederschlagsdaten zeigt, daß zwar an manchen Tagen in Essen Gewitterneigung herrschte, in Bonn jedoch keine einzige Station Niederschlag registrierte.

II. Identifizierung von Gewittertagen mit Hilfe von **Wettermeldungen**

Eine von den Gewitterindizes unabhängige Möglichkeit Gewitter- und Nichtgewittertage zu unterscheiden, ist die Auswertung von Wetterkarten und -meldungen. Für die Kölner Daten erfolgt die Identifizierung der Gewitter direkt nach diesem Kriterium, ohne die vorherige Berechnung von Gewitterindizes, da die damit erzielten Ergebnisse der Bonner Daten unklar waren (siehe Tab.4.3).

Ausgewertet werden Wettermeldungen der „Berliner Wetterkarte", sowie des „Wöchentlichen Witterungsbericht für Nordrhein-Westfalen". Für den untersuchten Zeitraum werden besonders Meldungen über Gewitter im Rheinland, oder im Südwesten Nordrhein-Westfalens gesucht.

Um zu klären, ob das Beobachtungsgebiet vom Gewitter betroffen, oder wenigstens gestreift wurde, werden für die in Frage kommenden Tage in einem zweiten Schritt die Niederschlagsdaten der Stationen hinzugezogen. Nach der Definition der Gewitter erwartet man an Gewittertagen eine hohe räumliche und zeitliche Variabilität der Niederschlagsmenge. An den Stationen, die direkt unter den Gewitterwolken liegen, wird lokal eine große Niederschlagsmenge erwartet. Deswegen wird an den großräumig möglichen Gewittertagen die Tagessumme der 5-Minutensummen der einzelnen Stationen hinzugezogen. Ist die Tagessumme wenigstens einer Station groß, so kann daraus geschlossen werden, daß das Gewitter auch das Untersuchungsgebiet betroffen hat.

Bereits bei Eßer (1993) und Steinhorst (1994) wurden die Probleme angesprochen, die sich bei der Abgrenzung von extrem heftigen oder Starkniederschlagsereignissen von Ereignissen „normaler" Intensität ergeben. Ein variables, stationsabhängiges Kriterium scheint dafür die beste Lösung zu sein. Entsprechend sollte das Kriterium, nach welchem die Niederschlagsmenge eines bestimmten Tages beurteilt wird, variabel sein. Da die mittlere Monatssumme der Niederschläge von Monat zu Monaten stark variiert, wird diese zur Beurteilung herangezogen.

Als Vergleichskriterium der Tagessummen dient die Niederschlagsmenge N_{Mit} definiert als 20% des Monatsmittels des betrachteten Stadtgebietes. Für die meisten der betrachteten Monate liegt dieser Wert im Bereich von 10 bis 20 mm pro Tag. Damit liegt er in der gleichen Größenordnung wie der von Eßer (1993) angegebenen Schwellenwert der Starkniederschlagswerte für Bonner Tagessummen des Niederschlags. Die markanteste Ausnahme ist der im Kölner Raum viel zu trockene August 1995 (siehe auch Kap.2). In diesem Monat liegt der Wert von N_{Mit} mit 3.5 mm/ Tag weit unter dem Schwellenwert für Starkniederschläge. Wegen der bereits im zweiten Kapitel angesprochenen Dürreperiode im August 1995 kann dieser Monat als Sonderfall angesehen werden. Deswegen wird er bei diesen Untersuchungen, die ja das „typische" Verhalten von Gewitter- und Nichtgewitterniederschlägen suchen, ignoriert. Alle anderen, durch die Wettermeldungen als potentielle Gewittertage in Köln und Bonn angegebenen Tage, die dieses letzte Kriterium erfüllen, sind in der Tabelle 4.3 unter „Gewitter beobachtet" angeführt.

Durch dieses strenge Ausschlußverfahren soll sichergestellt werden, daß nur Tage an denen im Beobachtungsgebiet deutliche Gewitterniederschläge niedergegangen sind, in die Kategorie der Gewittertage fallen. Dabei ist nicht ganz auszuschließen, daß einige (mögliche) Gewittertage zu Unrecht nicht anerkannt werden und in die Kategorie der Nichtgewitter fallen.

Alternativ wäre es für jedes Stadtgebiet möglich, ein einziges Kriterium für alle vier Monate zu verwenden, z.B. der Mittelwert der vorhin vorgeschlagenen Grenzwerte $N_{Mit.}$ (12.36 mm/Tag für Bonn und 10.33 mm/Tag für Köln). Wird die Beurteilung der Gewittertage damit vorgenommen, ändert sich für das Bonner Stadtgebiet gar nichts. Für das Stadtgebiet von Köln würde damit im August 1995 kein Gewittertag gefunden, ohne daß dieser Monat willkürlich, aufgrund seiner Trockenheit weggelassen würde. Der einzige Unterschied zu den Ergebnissen mit den variablen Monatsmitteln findet sich im Juni 1996: hier fällt nach dieser Beurteilung der 1.6 als Gewittertag weg.

Eine weitere Quelle für mögliches Vermischen von Ereignissen unterschiedlichen Typs liegt in der Unterteilung des Datenmaterials nach Kalendertagen. Eine mögliche Folge dieses Vorgehens ist, daß an manchen Tagen sowohl frontale als auch konvektive Ereignisse stattfinden können, die jedoch bei der tageweisen Unterteilung in die gleiche Kategorie fallen. Um diese Unsicherheiten zu minimieren, wäre es nötig, die Entscheidung stationsweise für jedes einzelne Ereignis zu fällen. Einerseits würde das den Unterscheidungsvorgang und den Rechenablauf wesentlich komplizieren. Andererseits ist eine derart spezielle Untersuchung mittels der verwendeten Hilfsmittel gar nicht möglich, da die zugrunde liegenden Wettermeldungen ja nur in 12- bis 24- Stundenabständen vorliegen.

Nach dem Vergleich der Niederschlagsmenge mit dem monatlichen Grenzwert N_{Mit} werden im Bereich des Bonner Stadtgebietes an 10 Tagen und für Köln an 8 Tagen Gewitter bestätigt. Betrachtet man den Juni 1995, für den es Messungen von beiden Stadtgebieten gibt, fällt die starke räumliche Variabilität der Gewitterereignisse auf. Am 4. dieses Monats wird für beide Stadtgebiete der Fall von Gewitterniederschlägen bestätigt. Am folgenden Tag (5.6) registrieren die Bonner Stationen noch heftige Niederschläge, die Kölner Stationen hingegen zeigen an diesem Tag nur noch geringe Niederschlagsmengen an (meist weniger als 1.0 mm / Tag). Viele haben an diesem Tag auch gar keine Niederschläge aufgezeichnet.

Bereits dieser kleine, räumliche Ausschnitt reicht aus, die erwartete, starke Variabilität der Gewitterereignisse zu zeigen. Auch das verwendete Auswahlkriterium reagiert sensibel genug auf die zeitliche und räumliche Variabilität von Gewittern so daß u.U. der gleiche Tag, je nach Stadtgebiet unterschiedlich eingeordnet wird.

4.5.2 Modellgrößen (Menge, Dauer, Zahl der Ereignisse) an Gewitter- und „Nichtgewittertagen"

Die Unterteilung und Gegenüberstellung der Gewitter- und der Nichtgewittertage soll den unterschiedlichen Charakter der Niederschläge verdeutlichen. In der Tabelle 4.4 finden sich für die Bonner und Kölner Daten die Mittelwerte der Zahl der Ereignisse bzw. Zellen pro Tag, der Menge und Dauer der Zellen bzw. Ereignisse. Für Köln wird auch der Mittelwert der Zahl der Zellen pro Ereignis angegeben. Der Vergleich der Zahl der Ereignisse an Gewitter- und Nichtgewittertagen zeigt, daß Ereignisse an Nichtgewittertagen zahlenmäßig den größten Anteil haben (84.1 % in Bonn und 72.9 % in Köln. In Anbetracht ihrer Zahl ist der Anteil der Ereignisse an Gewittertagen an der registrierten Niederschlagsmenge mit 48.3 in Bonn und 57.3 % in Köln recht hoch.

Für die Bonner Daten nimmt die Gesamtdauer der Ereignisse an Gewittertagen nur den geringen Anteil von 8.8 % der Gesamtniederschlagsdauer überhaupt ein. Hier zeigt sich der bereits besprochene Einfluß der schwachen Niederschläge auf die Dauer deutlich. In Köln kommen die Gewittertage auf 39.7 % der Gesamtdauer der Zellen.

Modellgrößen	Gewittertage	Nichtgewittertage
Zahl Ereignisse pro Tag	4.8 Ereignisse / Tag	3.0 Ereignisse / Tag
Menge pro Ereignis	2.9 mm / Ereignis	0.6 mm / Ereignis
Dauer eines Ereignisses	14.6 [5-Min-Per.]/ Ereignis	28.4 [5-Min-Per.]/ Ereignis

Tab. 4.4.a: Bonner Daten.

Modellgrößen	Gewittertage	Nichtgewittertage
Zahl Zellen pro Tag	15 Zellen / Tag	6.4 Zellen / Tag
Zahl Ereignisse pro Tag	4.3 Ereignisse / Tag	2.4 Ereignisse / Tag
Zahl Zellen pro Ereignis	3.5 [Zellen / Ereignis]	2.6 [Zellen / Ereignis]
Menge pro Zelle	1.1 [mm / Zelle]	0.4 [mm / Zelle]
Dauer einer Zelle	2.6 [5-Min-Per.] / Zelle	1.9 [5-Min-Per.] / Zelle

Tab. 4.4.b: Kölner Daten.
Vergleich der Charakteristik der Niederschläge an Gewittertagen und an den Nichtgewittertagen. Angegeben sind jeweils Mittelwerte.

In Bonn ist der Mittelwert der Dauer eines Ereignisses an Gewittertagen erwartungsgemäß mit 73 Minuten bedeutend geringer als an den restlichen Tagen. In Köln steigt die mittlere Dauer einer Zelle an Gewittertagen etwas an (auf 13 Minuten). Dies ist vermutlich auf die besprochenen Meßprobleme und die mögliche Zerstückelung der Datenreihen durch Tropfenzähler bei sehr kleinen und sehr großen Niederschlagsmengen zurückzuführen. In Köln bringen Gewitterereignisse erwartungsgemäß im Schnitt mehr Zellen als Nichtgewitterereignisse.

Der Vergleich der Modellgrößen an Gewitter- und Nichtgewittertagen zeigt, daß die gewählten Kriterien die Beobachtungstage in zwei, recht unterschiedliche Klassen aufteilen. Folglich haben auch die Ereignisse, die diesen Tagen zugeordnet sind recht unterschiedlichen Charakter. Diese Untersuchungen bestätigen, daß, nach der hier erfolgten Unterscheidung an Gewittertagen eine beträchtliche Niederschlagsmenge fällt und diese Ereignisse bzw. Zellen meistens von kurzer Dauer sind, wie auch die Pausen dazwischen.

Es gibt Unterschiede zwischen der empirischen HV der Menge und der Dauer der Ereignisse bzw. Zellen an Gewitter- und an Nichtgewittertagen. Diese Unterschiede sind jedoch nicht signifikant, weder bei den Bonner, noch den Kölner Daten. Da die Stichprobenlänge an Gewitter- und Nichtgewittertagen unterschiedlich ist, wird die in Kapitel 6.3 beschriebene Variante des Kolmogoroff-Smirnow-Tests verwendet (Signifikanzniveau = 1%).

Das bedeutet, daß die Ereignisse an Gewitter- und an Nichtgewittertagen durch den gleichen Prozeß und folglich mit dem gleichen Modell dargestellt werden können. Allerdings ist zu erwarten, daß sich die Modellparameter je nach verwendeten Daten unterscheiden.

Zur Anpassung der Modelle im fünften Kapitel werden einerseits die statistischen Momente aller Daten zusammen verwendet, andererseits erfolgt auch eine separate Anpassung an die Momente der Gewittertage und an diese der Nichtgewittertage. Außerdem wird im Kapitel 6 das Verhalten räumlicher Muster (Clusteranalyse) auch in Abhängigkeit von Gewittertagen oder Nichtgewittertagen geprüft.

5. Ergebnisse der Niederschlagsmodelle

„Je genauer Einer sich der Natur durch Nachahmung nähert,
um so besser und künstlerischer wird sein Werk."
Albrecht Dürer (1471 - 1528)

In diesem Kapitel werden die Modellparameter (5.1) und die Ergebnisse der Niederschlagsmodelle diskutiert (Kap.5.2). Die Fähigkeit der Niederschlagsmodelle auf unterschiedliche Bedingungen, bezüglich Auflösung und Wetterlage zu reagieren, wird untersucht. Dazu wird, wie in Kap.4. beschrieben, ein Vergleich der modellierten Autokorrelationsfunktion (AKF) mit der empirisch bestimmten AKF vorgenommen. Diese Berechnungen werden in einer Vielzahl von Varianten für die Bonner und die Kölner Daten durchgeführt.

5.1 Ergebnisse der Paramterbestimmung

Wie in Kapitel 4 beschrieben, sind die Modellparameter der Niederschlagsmodelle anfangs unbekannt und ihre Bestimmung erfolgt dadurch, daß das Minimum von Gl.36 gesucht wird. Dazu benötigt jedes Modell eine bestimmte Anzahl empirisch bestimmter Momente z.B. den Mittelwert, die Varianz u.a.. Damit wird sichergestellt, daß diese im Modell die gleichen Werte haben wie in der Stichprobe. Bewerkstelligt wird diese Anpassung dadurch, daß den Modellparametern (Zahl der Ereignisse bzw. Zellen, deren Dauer und Menge usw.) in den Modellgleichungen solche Werte zugeordnet werden, daß diese Bedingung erfüllt wird. Je komplexer ein Modell ist, um so mehr Bedingungen müssen bei der Parameterbestimmung in Gl.36 von den Modellgleichungen gleichzeitig erfüllt werden. Das führt dazu, daß die Wiedergabe der empirischen Größen nicht in allen Fällen zahlenmäßig exakt ist, was sich in der Größenordnung des Anpassungsfehlers niederschlägt. Diese ungenaue Modellierung kann alle empirischen Größen gleichermaßen treffen.

Allen Modellen gleichermaßen bekannt ist der Mittelwert der Niederschlagsmenge (μ), deren Varianz (σ^2) und die Kovarianz mit der Zeitverschiebung lag=1 (C_1) der angepaßten Auflösung (Tab.5.1). Beim modifizierten rechteckigen Pulsmodell wird zusätzlich der Wert des Autokorrelationskoeffizienten zu lag 1 (ρ_1) der angepaßten Zeitskala verwendet und beim Neyman-Scott-Modell kommt noch der Autokorrelationskoeffizient zu lag 2 hinzu (ρ_2). Das modifizierte Neyman-Scott-Modell erfordert die Angabe von 6 empirischen Schätzwerten. Hier werden die gleichen statistischen Momente wie im Fall des ursprünglichen Neyman-Scott-Modells verwendet und zusätzlich noch die Kovarianz zu lag 1 der jeweils anderen Zeitskala (d.h. wird die 5-Minuten-Skala angepaßt, kommt die Kovarianz (lag=1) der Stundenwerte hinzu; für die Stundenskala die Kovarianz (lag=1) der 5-Minutenwerte.)

Zur Bestimmung der Modellparameter können in Gl.36. ausschließlich Werte einer einzigen Skala verwendet werden, d.h. das Modell wird an diese Skala angepaßt. Die Einschränkung, daß gleichzeitig nur empirische Momente einer Skala verwendet werden, ist nicht zwingend. Auch die „gemischte" Anpassung das Modells an Parameter beider Skalen gleichzeitig ist möglich und wird auch praktiziert, besonders wenn ein Modell skalenübergreifend gültig sein soll (siehe z.B. Rodriguez-Iturbe et al., 1987).

Die hier verwendeten empirischen Schätzwerte sind die über das betreffende Stadtgebiet gemittelten Werte der Momente und gewährleisten für die meisten Modelle eine gute Anpassung, d.h. der Anpassungsfehler in Gl. 36 ist in der Regel kleiner als wenn andere Kombinationen von empirischen Größen verwendet werden. Es wurde bereits im vierten Kapitel angesprochen und hier tatsächlich beobachtet, daß sich die resultierenden Modellparameter und auch der Anpassungsfehler unterscheiden können, wenn für die Anpassung andere empirische Parameter verwendet werden: Beispielsweise kann die Kovarianz anstelle des Autokorrelationskoeffizienten der gleichen Zeitverschiebung (zu lag= 2) verwendet werden, oder auch deren Werte zu einem anderen Zeitlag, etc.. Für die vorliegende Arbeit wurden testweise unterschiedlichste Kombinationen von empirischen Schätzwerten zur Bestimmung der Modellparameter verwendet. Die daraus resultierenden Parametersets führen zu recht unterschiedlichen Ergebnissen. Vor allem bei einer „gemischten Anpassung" an beide Skalen resultiert ein breites Spektrum der Parameterwerte. In geringerem Maße können eine Erweiterung des Definitionsbereichs der Parameter oder die Veränderung der Rechengenauigkeit auch die Ergebnisse etwas verändern.

Stichproben-auswahl	Empirische statistische Momente der Niederschlagsmenge				
	$\mu =$ Mittelwert	$\sigma^2 =$ Varianz	$C_1=$ Kovarianz lag=1	$\rho_1 = C_1/\sigma^2$ Autokorr.koeff.	$\rho_2 = C_2/\sigma^2$ Autokorr.koeff.
Bonner Daten:					
5-Min.summen	$[\text{5-Min.Per}]^{-1}$	$[\text{5-Min.Per}]^{-2}$	$[\text{5-Min.Per}]^{-2}$		
Alle Tage	.0070	.0103	.0059	.5676	.3490
Gewittertage	.0427	.0930	.0572	.6156	.3933
Nichtgew.tage	.0039	.0024	.0012	.5126	.2974
Stundensummen	$[\text{h}]^{-1}$	$[\text{h}]^{-2}$	$[\text{h}]^{-2}$		
Alle Tage	.0845	.4622	.1047	.2266	.1087
Gewittertage	.5125	4.2092	.7738	.1837	.0407
Nichtgew.tage	.0471	.0912	.0291	.3183	.1909
Kölner Daten:					
5-Min.summen	$[\text{5-Min.Per}]^{-1}$	$[\text{5-Min.Per}]^{-2}$	$[\text{5-Min.Per}]^{-2}$		
Alle Tage	.0059	.0129	.0077	.5956	.4528
Gewittertage	.0511	.1686	.1082	.6417	.4952
Nichtgew.tage	.0027	.0019	.0007	.3629	.2120
Stundensummen	$[\text{h}]^{-1}$	$[\text{h}]^{-2}$	$[\text{h}]^{-2}$		
Alle Tage	.0706	.5226	.1685	.3226	.0709
Gewittertage	.6129	6.8127	2.007	.2946	.0110
Nichtgew.tage	.0325	.0605	.0165	.2724	.1268
	Rechteckiges Pulsmodell				
	Modifiziertes rechteckiges Pulsmodell				
	Neyman-Scott Clustermodell				

Tab.5.1: Empirische, statistische Parameter von Bonn und Köln, welche zur Bestimmung der Modellparameter verwendet werden. Da die Anzahl der benötigten Parameter von Modell zu Modell unterschiedlich ist, werden die jeweils verwendeten Größen durch dicke Linien begrenzt.

Im Gegensatz zu den, im dritten Kapitel beschriebenen Autokorrelationsberechnungen, welche nur für Zeiträume mit Niederschlag gemacht werden, gehen bei den Modellen die Nullwerte gleichberechtigt in alle Berechnungen ein. Die Modelle generieren eine Folge von Niederschlagsereignissen, umfassen jedoch auch die dazwischen liegenden Zeiträume ohne Niederschlag. Deswegen ist hier die Betrachtung der vollständigen Zeitreihen (der Nullwerte und der Nichtnullwerte) nötig. Die Zahl der Ereignisse geht nicht direkt in die Modelle ein (siehe Tab.5.1): diese Information steckt im Mittelwert der Ereignisse pro Zeitdauer (in 5-Min.Per. für die 5-Minutenskala, in Stunden für die Stundensummen).

Um den Einfluß der Wetterlagen (mit evtl. unterschiedlichen Niederschlagsprozessen) auf die Ergebnisse der Modelle zu prüfen, werden für jedes Stadtgebiet drei Varianten der Stichprobengröße gewählt: alle Daten zusammen betrachtet, Gewitter- oder Nichtgewittertage.

Werden alle Daten betrachtet, so geht hier, die ganze Zeitreihe in die Berechnung ein, ohne Rücksicht darauf, ob es geregnet hat oder nicht. Die Zuordnung der Daten zu Gewitter- oder Nichtgewittertagen erfolgt auch hier nach dem Kalendertag, wie im letzten Kapitel definiert. In die Berechnung des Mittelwerts und der Autokorrelationsfunktion gehen hier auch die Zeiten ohne Niederschlag an diesen Tagen ein. Die Gruppe der Nichtgewittertage umfaßt komplementär alle anderen Tage, also auch solche ohne Niederschlag.

Die empirischen statistischen Momente werden für zwei unterschiedliche Zeitskalen berechnet: für die 5-Minutenwerte sowie für die daraus gebildeten Stundensummen. Um die Ergebnisse in einem überschaubaren Rahmen zu halten, wird hier für jedes Modell unter Berücksichtigung der Region, der Stichprobenlänge (alle Daten, Gewitter- oder Nichtgewittertage) und der Skala nur ein einziges Parameterset vorgestellt, unter Verwendung der empirischen Größen aus Tab. 5.1. Das führt bei 2 Stadtgebieten * 3 Stichprobenlängen * 2 Zeitskalen * 4 Modellen zu 48 Parametersets.

Sowohl was die Bonner als auch die Kölner Daten angeht, unterscheiden sich die Gewittertage von den Nichtgewittertagen. In allen Fällen sind die Mittelwerte der Niederschlagsmenge, deren Varianz und die Kovarianzen an Gewittertagen um ein Vielfaches höher als an den Nichtgewittertagen. Ebenso verhalten sich die Autokorrelationskoeffizienten der 5-Minutenskala, mit größeren Werten an Gewittertagen als an Nichtgewittertagen (siehe Abb.5.1 bis 5.4). Hingegen haben in der Stundenskala die Nichtgewittertage eine stärkere Autokorrelation als die Gewittertage. An Gewittertagen wird die Autokorrelation nach ca. 3 Stunden sogar negativ. Dieses unterschiedliche Verhalten der beiden Zeitskalen kann durch die unterschiedliche „Lebensdauer" und dem unterschiedlichen Charakter der Ereignisse an Gewitter- und Nichtgewittertagen erklärt werden.

Das **rechteckige Pulsmodell** (Gl.16, 22, 23), als das einfachste der hier verwendeten Modelle, hat drei Parameter: den Mittelwert der Zahl der Ereignisse pro Zeiteinheit (λ), den Kehrwert des Mittelwerts der Dauer des Pulses η und der Menge pro Meßintervall μ. Die resultierenden Modellparameter finden sich in Tab.5.2.

Die Reaktion auf Gewitter- oder Nichtgewitterbedingungen zeigt sich in allen Fällen in einem Anwachsen des Parameters λ an Gewittertagen, wie erwartet. Auch der Mittelwert der Menge ($1/\mu$) ist erwartungsgemäß an Gewittertagen größer. Der Mittelwert der Dauer ($1/\eta$)

hingegen, zeigt an Gewittertagen in der 5-Minutenskala ein Anwachsen, in der Stundenskala jedoch einen kleineren Wert als an Nichtgewittertagen. Letzteres Verhalten dürfte eine Folge der Meßungenauigkeit und der schwierigen Trennung von Zeiten mit schwachem Regen von Pausen darstellen.

Stichprobenaus-wahl	Anpassungs-fehler (Gl.36)	Modellparameter der		
		Zahl Ereign. λ [5 Min]$^{-1}$	Dauer $1/\eta$ [5 Min]	Menge $1/\mu$ [mm/5 Min]
Bonner Daten:		5-Min.summen		
Alle Tage	.00001	.0065	1.11	0.97
Gewittertage	.00000	.0240	1.28	1.39
Nichtgew.tage	.00000	.0103	0.87	0.43
		Stundensummen		
Alle Tage	.00055	.0034	4.17	0.50
Gewittertage	.00016	.0151	3.45	0.82
Nichtgew.tage	.00018	.0046	5.88	0.14
Kölner Daten:		5-Min.summen		
Alle Tage	.00053	.0036	1.14	1.45
Gewittertage	.00000	.0176	1.41	2.04
Nichtgew.tage	.00001	.0081	0.57	0.58
		Stundensummen		
Alle Tage	.00084	.0018	5.88	0.56
Gewittertage	0.0006	.0111	5.26	0.96
Nichtgew.tage	.00023	.0036	5.00	0.15

Tab. 5.2: Modellparameter des rechteckigen Pulsmodells (RPM).

Stichprobenaus-wahl	Anpassungs-fehler (Gl.36)	Modellparameter der			
		Zahl Ereign. p	Dauer η [5 Min]	Menge x_0 [mm/5 Min]	α
Bonner Daten:		5-Min.summen			
Alle Tage	.00006	.0049	1.79	0.48	2.5
Gewittertage	.00003	.0110	2.04	1.40	3.9
Nichtgew.tage	.00022	.0073	1.47	0.22	2.6
		Stundensummen			
Alle Tage	.00312	.0126	8.33	0.03	2.1
Gewittertage	.00031	.0125	7.14	0.35	3.8
Nichtgew.tage	.02573	.0127	11.11	0.01	2.1
Kölner Daten:		5-Min.summen			
Alle Tage	.00008	.0082	1.92	0.19	2.1
Gewittertage	.00002	.0083	2.27	1.89	3.4
Nichtgew.tage	.00008	.0064	0.99	0.27	2.7
		Stundensummen			
Alle Tage	.00672	.0060	10.00	0.05	2.1
Gewittertage	.00075	.0152	10.00	0.19	2.3
Nichtgew.tage	.00060	.0025	9.09	0.09	3.8

Tab. 5.3: Modellparameter des modifizierten rechteckigen Pulsmodells (MRPM).

Auch bei dem darauf aufbauenden **modifizierten rechteckigen Pulsmodell** (Gl.25, 28,29) gibt ein Modellparameter die Zahl der Ereignisse pro 5-Minutenwert an (p) (Tab.5.3). Die Dauer wird, wie im ursprünglichen rechteckigen Pulsmodell durch η bestimmt. Bedingt durch die Pareto-Verteilung sind hier für die Niederschlagsmenge zwei Parameter nötig: α und x_0.

| Stichprobenaus-wahl | Anpassungs-fehler (Gl.36) | Modellparameter der | | | | |
		Zahl Ereign. λ [5 Min]$^{-1}$	Dauer η [5 Min]	Menge μ [mm/5 Min]	Zahl Zellen μ_c	Verteilung Zellen β [5 Min]$^{-1}$
Bonner Daten:		5-Min.summen				
Alle Tage	.00003	.0011	0.46	1.32	18.1	.205
Gewittertage	.00000	.0036	0.55	0.10	21.6	.170
Nichtgew.tage	.00022	.0012	0.44	2.63	19.2	.120
		Stundensummen				
Alle Tage	.00007	.0008	2.33	1.56	5.9	.011
Gewittertage	.00052	.0009	2.86	1.11	18.5	.001
Nichtgew.tage	.00022	.0011	1.85	4.76	9.0	.026
Kölner Daten:		5-Min.summen				
Alle Tage	.00025	.0004	0.26	0.85	49.6	.180
Gewittertage	.00133	.0019	0.40	0.75	49.9	.147
Nichtgew.tage	.00008	.0018	0.19	1.35	10.4	.305
		Stundensummen				
Alle Tage	.00005	.0008	2.33	2.27	7.2	.115
Gewittertage	.02888	.0032	2.56	7.69	48.3	.290
Nichtgew.tage	.00003	.0007	2.94	5.56	7.4	.010

Tab. 5.4: Modellparameter des Neyman-Scott-Modells (NSM).

Im **Neyman-Scott-Modell** (Gl.30 bis 32) gibt λ den Mittelwert der Zahl der Ereignisse pro Zeiteinheit an. Die Menge und die Dauer der Zellen wird durch μ und η bestimmt (Tab.5.4). Der Parameter μ_c stellt den Mittelwert der Zahl der Zellen pro Ereignis dar. Die zeitliche Verteilung der Zellen bezüglich des Ereignisbeginns schließlich wird durch β gegeben.

Auf die unterschiedlichen Bedingungen an Gewitter- und Nichtgewittertagen reagiert dieses Modell mit einem größeren Mittelwert der Zahl der Ereignisse und der Zahl der Zellen pro Ereignis an Gewittertagen. Im Fall der Kölner Daten findet sich keine Parameterkonfiguration, welche Gl.36 zufriedenstellend erfüllt. Der Mittelwert der Zahl der Zellen strebt rasch zu immer größeren Werten und die Berechnung wurde bei einem Grenzwert von 50 Zellen pro Ereignis abgebrochen. Auch dieses Modell impliziert an Gewittertagen eine größere Zelldauer, läßt jedoch den Mittelwert der Niederschlagsmenge pro Zeiteinheit an Gewittertagen fallen. Diese Beobachtung ist etwas überraschend, stellt aber offensichtlich die Reaktion des Modells auf die sehr große Zahl der Ereignisse bzw. Zellen an Gewittertagen dar.

Bei dem **modifizierten Neyman-Scott-Modell** (Gl.33 bis 35) wird die Zahl der Ereignisse pro 5 Minuten durch den Parameter p bestimmt, und die der Zahl der Zellen pro Ereignis durch c (Tab.6.5). Die Menge der Zellen erfordert auch hier wieder zwei Parameter (α und

x_0). Die Dauer der Zellen und ihr zeitlicher Abstand bezüglich des Ereignisbeginns werden durch η und β bestimmt.

Auch dieses Modell reagiert auf Gewitterbedingungen mit einem Ansteigen der Zahl der Ereignisse pro Tag. Für die 5-Minutenauflösung ist die mittlere Dauer der Zellen an Gewittertagen größer als an den Nichtgewittertagen, wie in Köln auch beobachtet. Dieses erstaunliche Verhalten ist vermutlich auf die Meßapparatur zurückzuführen (Tropfer). Für die Bonner Daten steigt der Mittelwert der Zahl der Zellen pro Ereignis an Gewittertagen erwartungsgemäß an. Für die Kölner Daten verlangt das Modell die größte Zahl der Zellen dann, wenn alle Daten zusammen betrachtet werden. Das erweckt den Eindruck, daß die Bestimmung der Modellparameter für die Gewitter- bzw. Nichtgewittertage alleine besser ist, als zusammen betrachtet. Der Grund dafür dürfte der recht unterschiedliche Charakter der Niederschlagsereignisse an Gewitter- und Nichtgewittertagen sein..

Was die Niederschlagsmenge angeht, reagiert dieses Modell erwartungsgemäß mit einem Anstieg des Mittelwerts an Gewittertagen. Der Wert des Parameters x_0 zeigt an, daß unter Gewitterbedingungen Zellen erst ab einem größeren Grenzwert relevant sind, als an Nichtgewittertagen.

Stichprobenauswahl	Anpassungsfehler (Gl.36)	Zahl Ereign. p	Dauer η [5 Min]	Menge x_0 [mm/5 Min]	α	Zahl Zellen c	Verteilung Zellen β [5 Min]$^{-1}$
Bonner Daten:				5-Min.summen			
Alle Tage	.00007	.0023	1.43	0.20	2.2	5.8	.105
Gewittertage	.00021	.0025	2.00	0.68	2.5	7.5	.005
Nichtgew.tage	.00022	.0023	1.12	0.14	2.4	6.5	.080
				Stundensummen			
Alle Tage	.37821	.0012	6.67	0.08	2.3	6.1	.010
Gewittertage	.38317	.0091	1.33	0.10	4.3	26.1	.155
Nichtgew.tage	.34363	.0011	7.69	0.03	2.4	7.7	.010
Kölner Daten:				5-Min.summen			
Alle Tage	.00273	.0009	0.92	0.18	2.2	22.0	.185
Gewittertage	.00828	.0032	2.44	0.50	2.2	7.2	.013
Nichtgew.tage	.00010	.0020	0.65	0.11	2.3	11.0	.130
				Stundensummen			
Alle Tage	.16235	.0008	1.67	0.18	4.0	18.8	.155
Gewittertage	.00090	.0051	2.17	0.56	2.8	5.3	.280
Nichtgew.tage	.28844	.0018	7.69	0.02	2.2	5.1	.016

Tab. 5.5: Modellparameter des modifizierten Neyman-Scott-Modells (MNSM).

Interessant ist, daß bei der Bestimmung der Modellparameter des ursprünglichen Neyman-Scott-Modells sowie dessen modifizierter Variante, vor allem dann Probleme auftauchen, wenn die Kölner Daten der Gewittertage bearbeitet werden. Hingegen lassen sich die Kölner Nichtgewittertage oder die Bonner Daten problemlos bearbeiten. Dies deutet darauf hin, daß die Modellierung extremer Ereignisse (z.B.Gewitterereignisse) die Niederschlagsmodelle an ihre Leistungsgrenze bringen.

5.2 Ergebnisse der Modellrechnungen

Mit Hilfe dieser vier Modelle werden mit jedem Parametersatz die jeweiligen Autokorrelationsfunktionen für beide Zeitskalen (5-Min., Stunde) berechnet.

Zur Beurteilung der Modelle interessant ist vor allem der weitere, theoretische Verlauf der Autokorrelationsfunktion in dem Bereich größerer Zeitlags. Hier zeigt sich erst die Fähigkeit des Modells, die reale (empirische) Autokorrelationsfunktion, deren Anfang dem Modell bekannt ist, auch in den unbekannten Bereichen zu simulieren. Außerdem werden für alle Modelle mit den aus einer Zeitskala bestimmten Parametern auch die theoretische AKF der anderen Zeitskala berechnet. Damit kann auf die mögliche skalenübergreifende Gültigkeit eines Modells geschlossen werden.

In Abschnitt 5.2.1 werden die Ergebnisse der Modelle für das Bonner Stadtgebiet angegeben: Abbildung 5.1 enthält die Ergebnisse der Modellrechnungen mit den Parametern, welche aus den statistischen Momenten der 5-Minutenwerte berechnet wurden und Abb. 5.2 diese für die angepaßte Stundenskala. In ähnlicher Weise finden sich im Abschnitt 5.2.2 die Ergebnisse der Kölner Daten mit den Abbildungen 5.3 (angepaßte 5-Minutenskala) und 5.4 (angepaßte Stundenskala).

Für jeden Fall wird die AKF beider Zeitskalen berechnet: In den Abbildungen finden sich links jeweils die Ergebnisse der 5-Minutenskala und rechts die der Stundenauflösung.

Die Auswahl unterschiedlicher Stichprobenlängen führt zu jeweils drei Varianten:

- Fall a. alle Daten werden zusammen betrachtet (inklusive Nullwerte),
- Fall b. ausschließlich die Nichtgewittertage (inklusive Nullwerte) oder
- Fall c. nur die Gewittertage (inklusive Nullwerte) werden untersucht.

Für die theoretischen Autokorrelationsfunktionen werden folgende Abkürzungen verwendet

        RPM   = rechteckiges Pulsmodell
        MRPM = modifiziertes rechteckiges Pulsmodell
        NSM   = Neyman-Scott-Modell
        MNSM = modifiziertes Neyman-Scott-Modell

5.2.1 Modellierung der Bonner Daten

Vergleicht man den Verlauf der empirischen AKF der **angepaßten 5-Minutenskala** in Abb.5.1 mit den durch die Modelle theoretisch berechneten Autokorrelationsfunktionen, so schneiden unabhängig von der Datenauswahl (alle Daten, Gewitter- oder Nichtgewittertage) die beiden einfachen Pulsmodelle (RPM und MRPM) am schlechtesten ab. In allen drei Fällen kommt das MRPM der empirischen AKF näher als die Originalvariante RPM.

Im Vergleich zu diesen einfachen Modellen zeigen in allen drei Fällen der Datenauswahl die theoretischen AKF-s der beiden Zellenmodelle NSM und MNSM einen ähnlichen Verlauf wie die empirische AKF. Bei der separaten Betrachtung der Gewitter- und Nichtgewittertage sind die Ergebnisse des MNSM etwas besser als die des Originalmodells.

Bonner Daten: Empirische und modellierte AKF

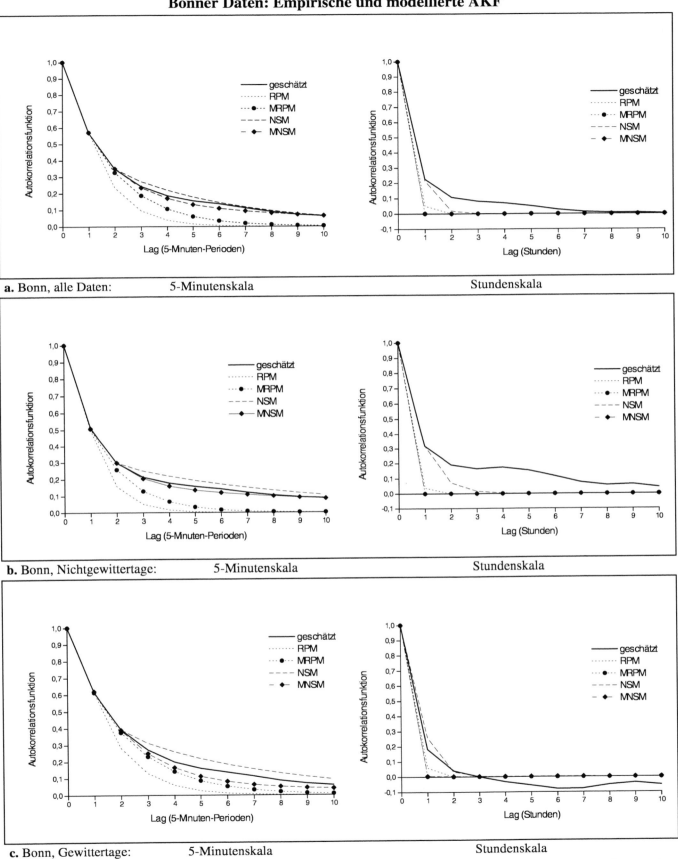

a. Bonn, alle Daten: 5-Minutenskala   Stundenskala

b. Bonn, Nichtgewittertage: 5-Minutenskala   Stundenskala

c. Bonn, Gewittertage: 5-Minutenskala   Stundenskala

Abb. 5.1: Empirische und modellierte Autokorrelationsfunktion der Bonner Daten. Die Modellparameter wurden aus den empirischen Momenten der 5-Minutenskala bestimmt.

Bonner Daten: Empirische und modellierte AKF

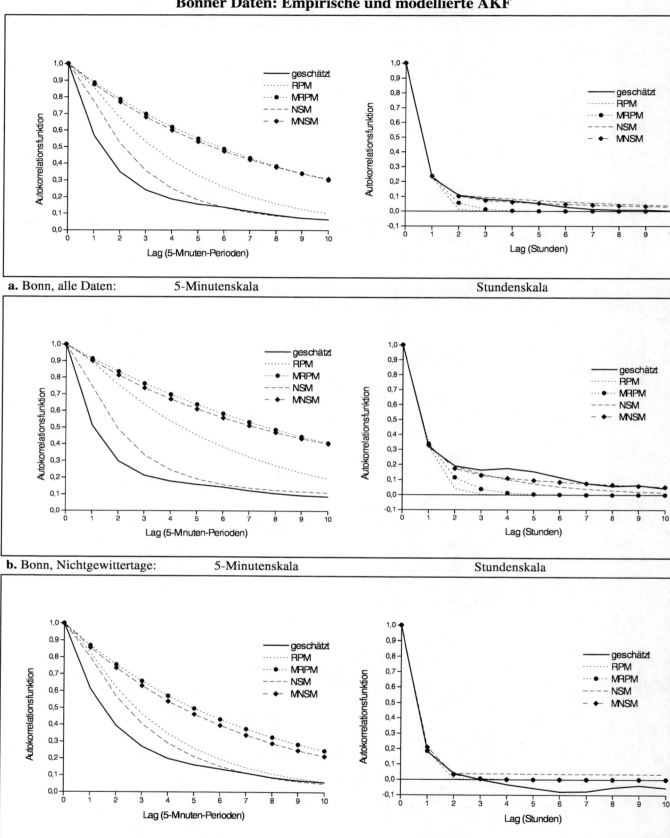

a. Bonn, alle Daten: 5-Minutenskala   Stundenskala

b. Bonn, Nichtgewittertage: 5-Minutenskala   Stundenskala

c. Bonn, Gewittertage: 5-Minutenskala   Stundenskala

Abb.5.2: Empirische und modellierte Autokorrelationsfunktion der Bonner Daten. Die Modellparameter wurden aus den empirischen Momenten der Stundensummen bestimmt.

Kölner Daten: Empirische und modellierte AKF

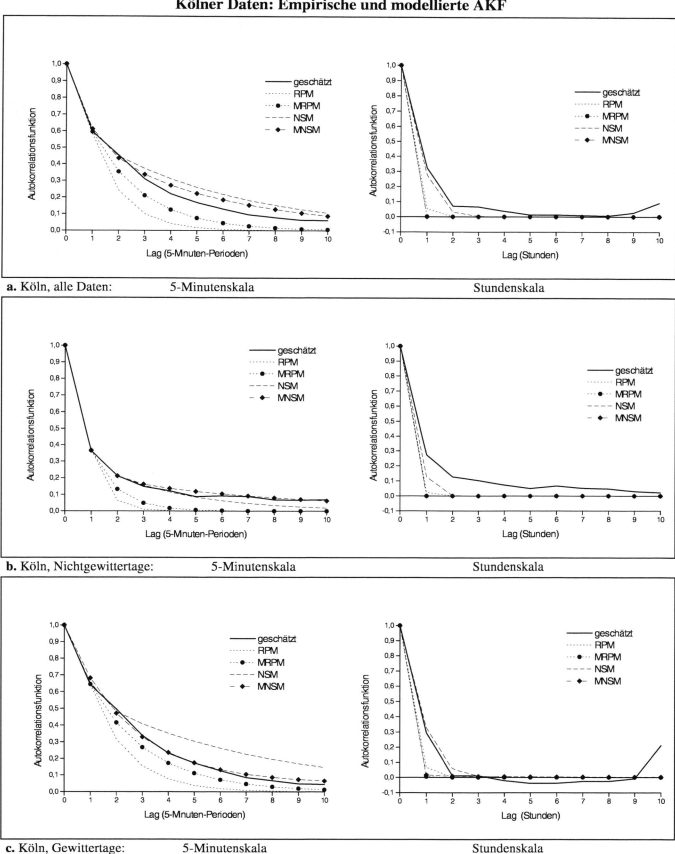

a. Köln, alle Daten: 5-Minutenskala   Stundenskala

b. Köln, Nichtgewittertage: 5-Minutenskala   Stundenskala

c. Köln, Gewittertage: 5-Minutenskala   Stundenskala

Abb. 5.3: Empirische und modellierte Autokorrelationsfunktion der Kölner Daten. Die Modellparameter wurden aus den empirischen Momenten der 5-Minutenskala bestimmt.

Kölner Daten: Empirische und modellierte AKF

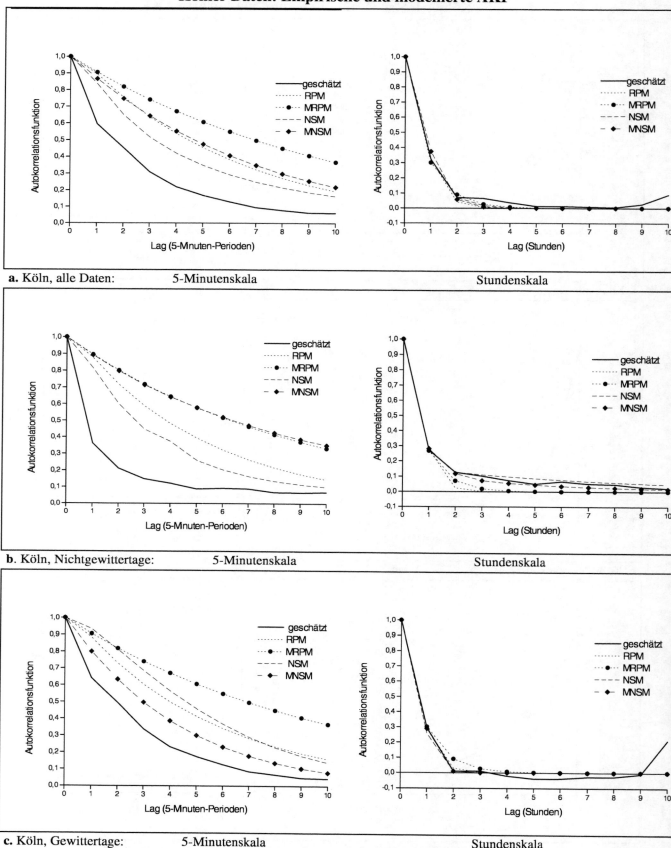

a. Köln, alle Daten: 5-Minutenskala   Stundenskala

b. Köln, Nichtgewittertage: 5-Minutenskala   Stundenskala

c. Köln, Gewittertage: 5-Minutenskala   Stundenskala

Abb.5.4: Empirische und modellierte Autokorrelationsfunktion der Kölner Daten. Die Modellparameter wurden aus den empirischen Momenten der Stundensummen bestimmt.

Es ist vielleicht verwunderlich, daß für die Bonner Daten ein Clustermodell die besten Ergebnisse bringt, obwohl den statistischen Untersuchungen nach, ein einfaches Pulsmodell (MRPM) ausgereicht hätte. Dabei muß berücksichtigt werden, daß das Clustermodell zwei Parameter mehr hat, als das Pulsmodell. Folglich stehen dem Clustermodell mehr Informationen zur Verfügung, was auch die besseren Ergebnisse erklärt. Außerdem kann, wegen der problematischen Trennung einzelner schwacher Niederschlagssequenzen nicht ausgeschlossen werden, daß (ursprünglich) mehrere Zellen meßtechnisch als ein Ereignis abgelesen werden Wird mit den Parametern der angepaßten 5-Minutenskala die theoretische AKF der Stundenskala berechnet, so fällt bei drei Modellen (RPM, MRPM, MNSM) auf, daß sie immer viel zu schnell gegen Null abfallen. Nur das originale NSM geht etwas langsamer gegen Null und zeigt im Fall der Gewittertage bei einem Zeitlag von 3 Stunden den gleichen Nulldurchgang wie auch empirisch gefunden. Allerdings ist weder dieses Modell, noch ein anderes der untersuchten Modelle in der Lage, mit einem sinnvollen Parameterset die negativen Korrelationen der Gewitter in der Stundenauflösung zu simulieren.

Wird das aus den statistischen Momenten der **Stundensummen** bestimmte Parameterset verwendet, so erhält man die Autokorrelationsfunktionen der Abbildung 5.2.

Die theoretischen AKF-s der 5-Minutensummen der beiden modifizierten Modelle MRPM und MNSM weisen in allen Fällen viel zu hohe Korrelationen auf. Das einfache Pulsmodell ist da schon geeigneter, vor allem im Fall der Gewitter und für große Zeitverschiebungen. Am besten scheint das NSM zu sein, um von der angepaßten Stundenskala auch auf die 5-Minutenskala übertragen zu werden. Zwar zeigt auch dieses Modell für kleine Zeitlags eine deutlich zu hohe Korrelation, aber ab einer Verschiebung von etwa einer halben Stunde kommt die theoretische AKF der empirischen recht nahe.

Betrachtet man die AKF der angepaßten Stundenskala, so liefern die beiden Zellenmodelle bessere Ergebnisse als die einfachen Pulsmodelle. Dabei zeigt das modifizierte Modell MNSM in allen Fällen eine größere Übereinstimmung mit dem empirischen Vorbild als die Originalvariante NSM.

5.2.2 Modellierung der Kölner Daten

Werden die Modellparameter aus den statistischen Momenten der **5-Minutenskala** (Abb.5.3) bestimmt, so liegen auch hier die theoretischen Autokorrelationsfunktionen der 5-Minutenwerte der Zellenmodelle näher am empirischen Vorbild als die Pulsmodelle. Die besten Ergebnisse liefert in dieser Skala das modifizierte Neyman-Scott-Modell.

Wie bereits bei der Diskussion der Modellparameter angemerkt, sind die Ergebnisse besser, wenn die Gewitter- und Nichtgewittertage separat bearbeitet werden (Fall b und c).

Bei der Berechnung der AKF der Stundenskala mit den Parametern der 5-Minutenskala wiederholen sich die, bereits für Bonn beschriebenen Beobachtungen: Die drei Modelle RPM, MRPM und MNSM fallen viel zu rasch auf Null ab. Nur die AKF des Zellenmodells NSM liegt etwas besser und hat im Fall der Gewittertage den gleichen Nulldurchgang wie die empirische AKF (bei lag=3).

Mit den aus der **Stundenskala** bestimmten Modellparametern ergeben sich die in Abbildung 5.4 dargestellten Autokorrelationsfunktionen. Genau wie auch bei den Bonner Daten sind im Falle aller Daten und der Nichtgewittertage für die 5-Minutenskala die Korrelationen der einfachen Pulsmodelle viel zu hoch. Die besten Ergebnisse liefert das NSM, obwohl hier die Übereinstimmung mit dem Vorbild eher gering ist. Bei der Modellierung der AKF der Gewittertage nähert sich die theoretische AKF des MNSM der empirischen AKF am meisten.

Für die angepaßte Stundenskala sind die theoretischen Autokorrelationsfunktionen der Zellenmodelle recht nah am empirischen Vorbild. Auch hier sind die Ergebnisse des modifizierten Neyman-Scott-Modells am besten, vor allem wenn die Gewitter- und Nichtgewittertage separat untersucht werden.

Wenn die Modellierung für die Kölner und Bonner Daten ähnliche Ergebnisse liefert, d.h. insgesamt die gleichen Modelle ausgewählt werden, spricht das für die Modelle. Ein Unterschied wäre kaum physikalisch zu begründen, sondern eher meßtechnisch oder dadurch, daß verschiedene Zeiträume betrachtet wurden. Würde jedoch letzteres das Ergebnis beeinflussen, so würde es bedeuten, daß die Stichprobe zu klein ist um eine Aussage zu machen.

5.2.3 Vergleich der Modellergebnisse (Zusammenfassung)

Die vergleichende Betrachtung der, mit den vier Modellen unter unterschiedlichen Bedingungen generierten Autokorrelationsfunktionen mit der empirischen AKF zeigt, daß die Zellenmodelle den einfacheren Pulsmodellen in der Regel überlegen sind. Die modifizierte Variante des Pulsmodells zeigt im Vergleich mit dem Original eine deutliche Verbesserung der Ergebnisse.

Allgemein liefert das modifizierte Neyman-Scott-Modell für die Skala, welche auch der Parameterbestimmung dient, erwartungsgemäß die besten Ergebnisse, unabhängig davon ob es sich dabei um die 5-Minuten- oder die Stundenskala handelt. Dieses Modell scheint sich auch besser auf die, je nach Wetterlage unterschiedlichen Korrelationen einzustellen. Diese Fähigkeit sich auf unterschiedliche Wetterbedingungen - und folglich unterschiedlichen Korrelationen einzustellen ist im modifizierten Neyman-Scott-Modell größer als im Original. Der einzige Punkt, wo die ursprüngliche Variante des Neyman-Scott-Modells bessere Ergebnisse liefert, ist die Übertragbarkeit der Parameter zwischen unterschiedlichen Skalen. Will man ein Modell mit eher allgemeinen, skalenübergreifenden Parametern, so ist das Neyman-Scott-Modells dazu meist besser geeignet. Dabei nimmt man jedoch teils gute, teils mäßige Ergebnisse in Kauf. Hingegen sind die Parameter des modifizierten Neyman-Scott-Modells spezifisch für die jeweils angepaßte Skala und liefern dafür gute bis sehr gute Ergebnisse. Wird mit den Parametern einer Skala die AKF einer anderen Auflösung berechnet, sind die Ergebnisse meistens mäßig.

Diese Überlegungen zeigen, daß das modifizierte Neyman-Scott-Modell den tatsächlichen Niederschlagsprozeß der 5-Minutenskala durch die vorgenommenen Modifikationen besser darstellen kann, als die Originalvariante. Selbst bei der Anwendung und Anpassung der Parameter dieses Modells an eine größere Skala, erweist es sich überlegen.

Das heißt, ein entsprechend der kleinsten verfügbaren Skala aufgebautes Niederschlagsmodell läßt sich auch gut an ein Vielfaches dieser Skala anpassen. Allerdings erfordert das die Bestimmung der für diese Skala geeigneten Parameter.

6. Untersuchung räumlicher Zusammenhänge

„Fällt Juniregen in den Roggen,
so bleibt der Weizen auch nicht trocken."
Bauernregel

Der Schwerpunkt dieser Arbeit ist die zeitliche Analyse und Modellierung der 5-Minuten-werte des Niederschlags. Die ausführliche Untersuchung der räumlichen Muster und Verteilungen ist in diesem Rahmen nicht möglich. Die räumliche Ausdehnung der beiden Stadtgebiete von jeweils ca. 20 x 20 km ist etwas gering für die Untersuchung mesoskaliger Muster, welche selber in dieser Größenordnung liegen. Für die Modelle wird für jedes Stadtgebiet meist ein repräsentativer Wert oder eine repräsentative Häufigkeitsverteilung berechnet. Ein interessanter Ansatzpunkt ist, mögliche Unterschiede oder Gemeinsamkeiten der einzelnen Stationen oder Stationsgruppen zu finden.

Deswegen soll der Themenbereich der räumlichen Muster hier kurz angesprochen werden. In meteorologischen Untersuchungen wird eine Vielzahl Methoden zur Erkennung räumlicher Muster eingesetzt. Wichtig sind z.B. die Cluster-Analyse, die Techniken des Kriging, die Methode der kanonische Korrelation oder die Hauptkomponentenanalyse. Es finden sich Anwendungen der Cluster-Analyse auf Niederschlagsdaten, z.B. bei Fernau und Samson (1990) und Ronberg und Wang, (1987). Einige Erläuterungen zur Cluster-Analyse, sowie die Ergebnisse ihrer Anwendung auf die 5-Minutenwerte des Niederschlags sind in Kapitel 6.1 angeführt.

Die Identifizierung räumlicher Muster von Niederschlagsdaten kann auch anhand des Vergleichs der Wahrscheinlichkeitsverteilungen der Niederschlagsmenge erfolgen. Bei Easterling (1988) werden die Parameter der empirisch angepaßten Verteilung verglichen. Bei DeGaetano (1998) werden direkt die empirischen Verteilungen der Stationen miteinander verglichen. Dieses Verfahren wird in 6.2 kurz beschrieben und angewandt. In Kapitel 6.3 werden anhand eines Beispiels die Probleme gezeigt, die auftreten, wenn Radarbilder und Bodenmeßdaten zusammen betrachtet werden. Theoretisch sollten sich diese Daten zur Erkennung räumlicher Muster ergänzen, praktisch sind noch viele Fragen offen.

Des weiteren, folgen Überlegungen und Ergebnisse zur Fragestellung, ob sich mit den betrachteten 5-Minutenwerten des Niederschlags ein Stadteffekt für Köln nachweisen läßt. Die Untersuchung des Tagesgangs der Zellen bzw. Ereignisse des Kölner Stadtgebiets (Kap. 6.4) deutet in diese Richtung. Mittels der zusätzlichen Untersuchung des Wochengangs der Niederschlagsdaten wird dieses Problem näher untersucht (Kap.6.5).

6.1 Cluster-Analyse

Die Cluster-Analyse umfaßt eine Vielzahl Techniken und Algorithmen, die dazu dienen eine Datenmenge in Gruppen möglichst ähnlicher Variablen zu unterteilen. Das Ziel ist, möglichst einheitliche, homogene Teilmengen (Cluster) zu bilden. Das heißt, die Unterschiede zwischen den Elementen dieser Teilmengen sollen minimal sein. Gleichzeitig sollen sich die Teilmengen untereinander möglichst stark unterscheiden und abgrenzen (Fernau und Samson, 1990; Cressie, 1991). Prinzipiell gibt es zwei Vorgehensweisen Cluster oder Teilmengen zu bilden:

Bei den divisiven Methoden werden große Ausgangscluster in kleinere Cluster aufgeteilt. Hingegen werden bei der agglomerativen Methode die Cluster aus kleineren Teilmengen zusammengesetzt. Wird die Cluster-Analyse hierarchisch vorgenommen, so können einmal gebildete Cluster nicht mehr auseinandergerissen werden (Ronberg und Wang, 1987).

Die Bewertung der gebildeten Cluster wird mittels einer Zielfunktion vorgenommen, deren Minimum gesucht wird. Meistens wird die Summe der quadrierten Euklidischen Abstände der Clustermitglieder von ihrem Schwerpunkt als Zielfunktion gewählt. Dieses Kriterium heißt das Abstandsquadratkriterium oder das Varianzkriterium (Späth, 1975). Es können auch durchaus andere Kriterien gewählt werden, wie z.B. Korrelationskoeffizienten (Fernau und Samson, 1990) oder der Kolmogoroff-Smirnow-Test (siehe dazu 6.2). Die Anwendung der Cluster-Analyse ist nach Fernau und Samson (1990) nicht frei von subjektiver Beeinflussung z. B. bei der Wahl der Methode (agglomerativ oder divisiv etc.) oder der Definition der Zielfunktion.

Um eventuelle räumliche Muster der 5-Minutenwerte des Niederschlags zu finden, werden die Daten des Stadtbereichs Köln mit Methoden der Cluster-Analyse untersucht (6.1). Die Daten des Stadtgebiets Bonn werden wegen ihrer Lückenhaftigkeit für diese Untersuchungen außen vorgelassen. Selbst für Köln sind 18 Stationen eine geringe Basis für eine sinnvolle Regionalisierung. Um nicht eine große Zahl Cluster mit sehr geringer Besetzung zu haben, wird die Höchstzahl der möglichen Cluster hier (subjektiv) auf zwei bzw. drei festgelegt. Diese Begrenzung erscheint sinnvoll, da sich z.B. für Gewitterniederschläge nach Easterling (1988) das gesamte Territorium der USA je nach Jahreszeit in vier oder fünf Cluster unterteilen läßt. Zur Regionalisierung wird der Cluster-Algorithmus „HMEANS" von Späth (1975) verwendet. Hier kommt das Varianzkriterium zur Anwendung. Dabei wird im ersten Schritt die Anzahl der möglichen Cluster angegeben und als Anfangspartition jedem Cluster durch einfaches Abzählen möglichst gleich viele Elemente zugeordnet. Durch Summierung der quadratischen Abstände wird für diese Anfangskonfiguration die Zielfunktion berechnet. Iterativ wird durch Verschieben der Elemente in andere Cluster jene Konfiguration gesucht, welche die Zielfunktion minimiert. Einzelheiten dazu, sowie die HMEANS-Routine finden sich bei Späth (1975). Die Kriterien, wonach diese Unterteilung erfolgt, können geographischer Natur (z.B. Gauß-Krüger-Koordinaten) oder auch bestimmte meteorologische Größen sein. Meteorologische Kriterien, die bei diesen Untersuchungen berücksichtigt werden, sind die räumliche Verteilung der Zahl der Zellen, und die der Dauer sowie der gefallenen Niederschlagsmenge. Diese Größen werden jeweils separat, aber auch in ihrem Zusammenspiel betrachtet. Diese Berechnungen werden sowohl für den gesamten Datensatz vorgenommen, als auch für den reduzierten Datensatz der Gewittertage und der Nichtgewittertage separat. In der Tabelle 6.1 finden sich die Ergebnisse der mit der Routine HMEANS vorgenommenen Cluster-Analyse für zwei bzw. drei mögliche Cluster. Hier sind für alle Untersuchungen die zu einem Cluster gehörenden Stationsnummern angegeben.

Im Falle der Clusterbildung nach den **Gauß-Krüger-Koordinaten** (Fall a.) wird bei zwei Clustern das Stadtgebiet in einen nördlichen und südlichen Teil aufgeteilt. Bei drei erlaubten Clustern bildet der südliche Teil des Stadtgebiets einen Cluster und im nördlichen wird zwischen einem rechts- und linksrheinischen Gebiet unterschieden.

Wird die Cluster-Analyse nach **meteorologischen Kriterien** durchgeführt, unter Berücksichtigung eines einzigen Kriteriums (Fall b., c. und d.), kann für jede Teilmenge (Cluster) eine Erklärung gegeben werden; und zwar enthält bei zwei mögliche Clustern der Cluster Nr. 1 die Stationen mit den geringeren Werten und der Cluster Nr. 2 die Stationen mit den größeren Werten. Bei drei möglichen Clustern enthält Cluster Nr.1 die Stationen mit geringen, Cluster Nr. 2 die mit mittleren und Nr. 3 diejenigen mit großen Werten. Räumlich gesehen ergeben die Cluster kein einheitliches Bild, weder im Fall der zwei noch der drei möglichen Cluster und weder für die Clusterbildung einer Größe alleine, noch für mehrere Größen zusammen betrachtet. Die Cluster bilden meist einen räumlich über das Stadtgebiet verteilten „Flickenteppich". Auch die in Gewitter- und Nichtgewittertage unterteilte Stichprobe bringt keine deutlichen Muster hervor. Vor allem bei mehreren gleichzeitig berücksichtigten Größen (Fälle e., f. und g.) ist die räumliche Interpretation der Ergebnisse mühsam und die resultierenden Muster lassen sich weder durch die Orographie noch durch das Wettergeschehen erklären.

Zusammenfassend lassen sich einige Stationen nennen, welche unabhängig von der Unterscheidung in Gewitter- oder Nichtgewittertage meistens zusammen im gleichen Cluster liegen. Im Nordosten des Untersuchungsgebietes gehören die beiden Stationen Ostfriedhof und Dünnwald (Nr. 19 und 20) in der Regel zum gleichen Cluster. Oft schließen sich die Nachbarstationen Nr. 18 und 4 an. Diese Stationen kennzeichnen eine Region wo in sehr vielen Zellen mit einer großen Gesamtdauer eine geringe Niederschlagsmenge fällt, bevorzugt an Nichtgewittertagen. Die große Zellenzahl läßt sich möglicherweise orographisch, durch ihre Lage erklären, da diese Stationen im Übergangsgebiet zum Bergischen Land etwas höher liegen, als das flache Rheintal. Groß ist dieser Höhenunterschied jedoch nicht; die höchstgelegene Station Ostfriedhof liegt bei 60 m ü. NN und die Station Langel liegt mit 40.6 m ü. NN am tiefsten. Die große Gesamtdauer der Zellen und die kleine Menge lassen sich dadurch erklären, daß hier die Ereignisse an den Nichtgewittertagen prägend sind.

Eine andere häufige Gruppierung bildet sich um die Stationen Nr. 8 und 9 (Richard-Wagner- Str. und Neusser Str.), westlich des Rheins, welche vor allem mit Stationen in Rheinnähe und aus dem Innenstadtbereich zusammen im gleichen Cluster liegen. Dazu zählen die Stationen Nr. 2, 3, 6 und 10. Diese Region zeichnet sich dadurch aus, daß trotz geringer Zellenzahl und geringer Gesamtdauer eine große Niederschlagsmenge fällt. Diese Menge verteilt sich auf Gewitter- und Nichtgewittertage. Dazwischen gibt es einige Stationen, wie z.B. Nr. 7, 13, 14 und 16 welche mal zu der einen, mal zu der anderen Gruppierung tendieren.

Die Ergebnisse der Cluster-Analyse zeigen, daß sich unabhängig von der untersuchten Größe der Innenstadtbereich und die Stationen in Rheinnähe anders verhalten als die Randgebiete. Je nach untersuchter Größe und der Anzahl der erlaubten Cluster kann die Zuordnung der Stationen unterschiedlich ausfallen. Die resultierenden Muster lassen sich nicht vollständig durch geographische Unterschiede erklären. Vielleicht liegt es an dem mit 18 Stationen räumlich kleinen Untersuchungsgebiet; vielleicht ist auch der untersuchte Zeitrahmen mit 4 Monaten so kurz, daß nicht ausgeschlossen werden kann, daß die resultierenden Muster zum Teil zufallsbedingt oder aufgrund von Meßfehlern entstanden sind.

	Aufteilung in zwei Cluster		Aufteilung in drei Cluster		
	Cluster 1	Cluster 2	Cluster 1	Cluster 2	Cluster 3
a) Gauß-Krüger-Koordinaten					
	3, 8, 9, 13, 14, 15, 16, 20	1, 2, 4, 6, 7, 10, 12, 17, 18, 19	3, 7, 8, 9, 13, 15, 16	1, 2, 6, 10, 12, 17, 18	4, 14, 19, 20
b) Zahl der Zellen					
alle	1, 2, 3, 4, 6, 7, 8, 9, 10, 12, 13, 14, 15, 16, 17	18, 19, 20	2, 3, 6, 8, 9, 10, 15	1, 4, 7, 12, 13, 14, 16, 17	18, 19, 20
G	2, 6, 8, 9, 10, 13, 15	1, 3, 4, 7, 12, 14, 16, 17, 18, 19, 20	2, 8, 9, 13, 15	3, 6, 10	1, 4, 7, 12, 14, 16, 17, 18, 19, 20
NG	1, 2, 3, 4, 6, 7, 8, 9, 10, 12, 13, 14, 15, 16, 17	18, 19, 20	1, 2, 3, 6, 8, 9, 10, 12, 17	4, 7, 13, 14, 15, 16	18, 19, 20
c) Niederschlagsmenge					
alle	8, 9, 12, 13, 14, 15, 18, 19, 20	1, 2, 3, 4, 6, 7, 10, 16, 17	8, 9, 12, 13, 14, 18, 19	2, 6, 15, 16, 20	1, 3, 4, 7, 10, 17
G	8, 9, 12, 13, 14, 18, 19, 20	1, 2, 3, 4, 6, 7, 10, 15, 16, 17	8, 9, 13, 14, 18, 19, 20	2, 4, 6, 12, 15	1, 3, 7, 10, 16, 17
NG	2, 3, 6, 7, 8, 9, 10, 12, 13, 14, 15, 16, 17, 18	1, 4, 19, 20	14, 16, 17, 18	2, 3, 6, 7, 8, 9, 10, 12, 13, 15	1, 4, 19, 20
d) Gesamtdauer					
alle	2, 3, 6, 7, 8, 9, 10, 15, 16, 17, 18	1, 4, 12, 13, 14, 19, 20	3, 8, 9, 10	2, 6, 7, 12, 13, 14, 15, 16, 17, 18	1, 4, 19, 20
G	2, 3, 4, 6, 8, 9, 10, 16, 18, 20	1, 7, 12, 13, 14, 15, 17, 19	2, 3, 8, 9, 10	4, 6, 7, 13, 14, 15, 16, 17, 18, 19, 20	1, 12
NG	2, 3, 6, 7, 8, 9, 10, 12, 13, 14, 15, 16, 17, 18	1, 4, 19, 20	3, 7, 8, 9, 10, 12, 15, 16, 17	2, 6, 13, 14, 18	1, 4, 19, 20
e) Zahl der Zellen und Niederaschlagsmenge					
alle	1, 2, 3, 4, 6, 7, 8, 9, 10, 12, 13, 15, 16, 17	14, 18, 19, 20	2, 6, 8, 9, 12, 13, 15	1, 3, 4, 7, 10, 16, 17	14, 18, 19, 20
G	1, 2, 3, 4, 7, 10, 15, 16, 17	6, 8, 9, 12, 13, 14, 18, 19, 20	2, 4, 6, 9, 10, 15	1, 3, 7, 16, 17	8, 12, 13, 14, 18, 19, 20
NG	1, 2, 3, 4, 6, 7, 8, 9, 10, 12, 13, 14, 15, 16, 17	18, 19, 20	1, 2, 3, 6, 8, 9, 10, 12	7, 13, 14, 15, 16, 17, 18	4, 19, 20
f) Zahl der Zellen und Dauer					
alle	2, 3, 6, 7, 8, 9, 10, 15, 16, 17, 18	1, 4, 12, 13, 14, 19, 20	3, 8, 9, 10	2, 6, 7, 12, 13, 14, 15, 16, 17, 18	1, 4, 19, 20
G	2, 3, 4, 6, 8, 9, 10, 16, 18	1, 7, 12, 13, 14, 15, 17, 19, 20	2, 3, 8, 9, 10	4, 6, 7, 13, 14, 15, 16, 17, 18, 19, 20	1, 12
NG	2, 3, 6, 7, 8, 9, 10, 12, 13, 14, 15, 16, 17, 18	1, 4, 19, 20	3, 8, 9, 10, 12, 17	2, 6, 7, 13, 14, 15, 16, 18	1, 4, 19, 20
g) Zahl der Zellen, Dauer und Niederschlagsmenge					
alle	2, 3, 6, 7, 8, 9, 10, 15, 16, 17, 18	1, 4, 12, 13, 14, 19, 20	3, 8, 9, 10	2, 6, 7, 12, 13, 14, 15, 16, 17, 18	1, 4, 19, 20
G	2, 3, 4, 7, 9, 10, 16, 17	1, 6, 8, 12, 13, 14, 15, 18, 19, 20	2, 3, 4, 6, 10, 16	1, 7, 12, 15, 17	8, 9, 13, 14, 18, 19, 20
NG	2, 3, 6, 7, 8, 9, 10, 12, 13, 14, 15, 16, 17, 18	1, 4, 19, 20	3, 8, 9, 10, 12, 17	2, 6, 7, 13, 14, 15, 16, 18	1, 4, 19, 20

Tab. 6.1: Übersicht der Cluster bei zwei bzw. drei möglichen Clustern. Untersucht werden einerseits alle Daten (alle), zweitens die Gewittertage separat (G) und drittens die Nicht-gewittertage alleine (NG). Angegeben sind die Nummern der Meßstationen.

6.2 Regionalisierung mit Hilfe des Kolmogoroff-Smirnow-Tests

DeGaetano (1998) schlägt ein Regionalisierungsverfahren vor, welches Methoden der Cluster-Analyse mit Wahrscheinlichkeitsüberlegungen verbindet. Dieser Algorithmus besteht aus zwei Stufen und wird von DeGaetano zur Regionalisierung der Jahresmaxima der Niederschläge eingesetzt. Das Ziel seiner Untersuchungen ist, Stationen mit einem ähnlichen Verhalten der Jahresmaxima zusammenzufassen. In der ersten Stufe werden die kumulativen Wahrscheinlichkeitsverteilungen der Meßstationen verglichen. Für alle möglichen Stationspaare wird mittels eines Kolmogoroff-Smirnow-Tests geprüft, ob diese zur gleichen Grundgesamtheit gehören. Die Prüfgröße c des Kolmogoroff-Smirnow-Tests berücksichtigt den möglicherweise von Station zu Station unterschiedlichen Umfang der Stichproben n bzw. m:

$$c = \left[-0.5 \left(\frac{1}{n} + \frac{1}{m} \right) \ln \left(\frac{\alpha}{2} \right) \right]^{0.5} \tag{37}$$

Dabei ist α das Signifikanzniveau. Sind die Unterschiede zwischen den verglichenen Verteilungen kleiner als diese Prüfgröße, so werden die entsprechenden Stationen in diesem Schritt als zur gleichen Region gehörend angesehen.

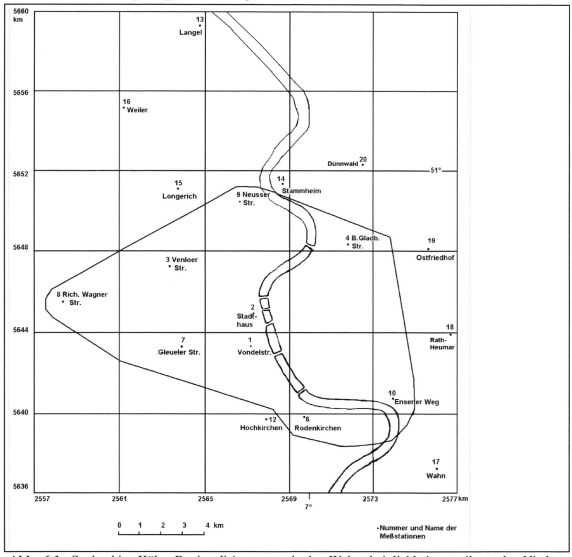

Abb. 6.1: Stadtgebiet Köln: Regionalisierung nach der Wahrscheinlichkeitsverteilung der Niederschlagsmenge mittels des Kolmogoroff-Smirnow-Tests.

Um die im ersten Schritt erhaltenen Regionen weiter aufzuspalten wird darauf als zweiter Schritt die eigentliche Cluster-Analyse angewendet. Gemessen an der geringen Zahl der verfügbarer Meßstationen erscheint für die Kölner Daten der erste Schritt dieses Verfahrens ausreichend. Vorbereitend wird für alle Meßstationen die kumulative Wahrscheinlichkeitsverteilung der Niederschlagsmenge pro Zelle berechnet. Da die Unterschiede der empirischen Verteilungen sehr gering sind, wird die Schrittweite für diese Untersuchungen auf 0.1 mm verfeinert. Die Zahl der Zellen gibt den Stichprobenumfang n bzw. m an. Bei einem Signifikanzniveau $\alpha = 1$ % erhält man zwei disjunkte Regionen (Abb. 6.1).

Diese beiden Regionen beinhalten die gleiche Anzahl Stationen. Geographisch gesehen umfaßt die erste Region das Stadtzentrum und den inneren Stadtbereich. Rings um dieses Gebiet liegen die Stationen der zweiten Region, welche vor allem Stationen in den Außenbereichen von Köln beinhaltet. Bei der Betrachtung der empirischen Verteilungen der Niederschlagsdaten und deren regionalen Besonderheiten zeigt sich, daß sich die regionalen Mittelwerte und Varianzen der Zahl der Zellen als auch der Menge und Dauer der Zellen in diesen beiden Regionen unterscheiden (Tabelle 6.2). Die Überschneidung der Konfidenzintervalle deutet an, daß die Unterschiede nicht signifikant sind. Dies wird durch den Kolmogoroff-Smirnow-Test der Häufigkeitsverteilung der Niederschlagsmenge in der sonst üblichen Schrittweite von 1.0 mm bestätigt. Allerdings könnten die beobachteten Unterschiede eine Folge der Exposition der Meßgeräte sein: In der ersten Region sind fast alle Meßgeräte erhöht angebracht (mit Ausnahme der Stationen Nr. 9 und 10) und in der zweiten Region stehen alle Meßgeräte auf Bodenniveau, mit einer Ausnahme (Station Nr. 15).

Sollte für die Niederschlagsdaten des Kölner Stadtgebietes eine Regionalisierung erforderlich sein z.B. um mögliche, regionale Unterschiede des Stadteffekts aufzudecken (Innenstadtbereich - „Umland"), so bietet sich die hier beschriebene Methode nach DeGaetano an. Für das relativ kleine Untersuchungsgebiet ist der erste Schritt dieses Verfahrens bereits ausreichend. Es scheint jedoch möglich, daß die Regionalisierung eine direkte Folge von Meßungenauigkeiten ist.

	Erste Region = Innenstadtbereich	Zweite Region = Außenbereich
Zahl der Zellen pro Tag (Mittelwert) [d^{-1}]	2.48	2.75
Konfidenzintervall 95% [d^{-1}]	1.64 - 3.32	1.67 - 3.83
Mittlere Varianz [d^{-2}]	4.64	5.94
Niederschlagsmenge pro Zelle (Mittelwert) [mm]	0.71	0.59
Konfidenzintervall 95% [mm]	0.44 - 0.99	0.32 - 0.85
Mittlere Varianz [mm²]	2.41	2.47
Niederschlagsdauer pro Zelle (Mittelwert)[5-Min-Per]	2.20	2.10
Konfidenzintervall 95% [5-Min-Per]	1.93 - 2.47	1.84 - 2.36
Mittlere Varianz [5-Min-Per]²	2.39	2.44
Zahl der Ereignisse pro Tag (Mittelwert) [d^{-1}]	1.07	0.77
Konfidenzintervall 95% [d^{-1}]	0.74 - 1.40	0.50 - 1.04
Mittlere Varianz [d^{-2}]	1.80	1.47

Tab. 6.2: Vergleich der Niederschlagsdaten der beiden Regionen des Stadtgebiets Köln.

6.3 Räumliche Ausdehnung der Zellen (Vergleich mit Radarbildern)

Für einen Punkt läßt sich der zeitliche Verlauf des Niederschlags mit den Hellmann-Schreibern oder Tropfern aufzeichnen und man kann die gefallene Niederschlagsmenge je nach Meßtoleranz exakt angeben. Wegen der großen Variabilität der Niederschläge ist es bei einem Bodenmeßnetz jedoch schwierig die Niederschlagsmenge zwischen zwei Meßpunkten abzuschätzen. Auch über die Form der Niederschlagszellen oder ihre Dynamik können mit Bodenmeßnetzen nur eingeschränkt Schlußfolgerungen gezogen werden.

Mit dem Regenradar hingegen erhält man volumenbezogene Informationen in Form der gemessenen Reflektivitäten und kann die Dynamik und Entwicklung der Zellen verfolgen. Problematisch ist hier die korrekte Umrechnung der Reflektivität in Niederschlagsmengen. Eine Interpolation der Bodenmessungen mit Hilfe der physikalisch konsistenten Radardaten erscheint sinnvoll. Zur Bestimmung der Zellengeometrie und der Zuggeschwindigkeit kann das Radar zusätzliche Informationen liefern.

Um die Durchführbarkeit dieses Ansatzes zu testen, werden für einige ausgewählte Ereignisse die Bodenmessungen mit den zeitgleichen Radarbildern verglichen. Für den untersuchten Zeitraum der Sommermonate 1994 und 1995 wurden mit dem Radargerät des Meteorologischen Instituts der Universität Bonn umfangreiche Messungen durchgeführt. Bei Böde (1995) finden sich technische Details und Einzelheiten zur Meßkampagne. Die zeitliche Auflösung des Radars liegt bei einer Minute. Bei den Beobachtungsdaten des Kölner Stadtgebiets kann die gleiche Auflösung erreicht werden, sofern mit den ursprünglichen Daten gearbeitet wird.

Das Radar erfaßt die Wolken- und Regentröpfchen erst oberhalb eines gewissen Niveaus bis zu einer Höhe von etwa 1500 m. Das heißt, ein Regentropfen kann bereits im Radarbild erscheinen, muß aber noch eine bestimmte Strecke fallen bis er vom Meßgerät am Boden erfaßt wird. Das bedeutet, daß es zwischen den Radarbildern und den Daten des Bodenmeßnetzes eine zeitliche Verzögerung gibt. Die Fallzeit der Tropfen ist abhängig von der Größe der Tropfen und der Fallstrecke. Um die Fallzeit berechnen zu können, müßte für jedes Pulsvolumen eine genaue Angabe des Tropfenspektrums vorliegen. Da dieses unbekannt ist und die Zeitverzögerung nur im Bereich einiger Minuten liegt, wird keine Korrektur der Fallzeit durchgeführt (Böde, 1995).

Als groben Schätzwert der Fallzeit kann man 5 Minuten annehmen. Diesen Wert erhält man, wenn eine Fallhöhe von 1500 m und eine Geschwindigkeit der Tropfen von 5 m/s vorausgesetzt wird. Diese Geschwindigkeit erscheint sinnvoll, da z.B. nach Böde (1995) ein Tropfen mit einem Durchmesser von 1.0 mm eine Endfallgeschwindigkeit von 4 m/s bzw. ein Tropfen von 2.0 mm Durchmesser 6.5 m/s erreicht.

Auch räumlich gesehen, ist der direkte Vergleich der Bodendaten mit den Radarbildern schwierig. Mit dem Radar wurde vom Haberlandhaus in Bonn aus, ein Halbkreis mit 60 km Radius vermessen. Das bedeutet, daß nur das halbe Stadtgebiet von Bonn innerhalb des Meßbereichs des Radars liegt. In diesem Bereich liegen 10 Meßstationen. Von diesen Stationen ist allein die Meßreihe einer einzigen Station lückenlos und einige Stationen werden durch Festziele gestört. Aus diesen Gründen werden die Daten des Bonner Stadtgebiets nicht für die Radarbetrachtungen genutzt.

In der räumlichen Auflösung von 117 x 117 Pixeln entspricht jedes Pixel einer Fläche von 1 km² (Böde, 1995). Das bedeutet, daß alle Kölner Meßstationen auf einer Fläche, die gerade mal 20 x 20 Pixel umfaßt, liegen. Die Verfolgung der Reflektivitäten jedes dieser Pixel und die Umwandlung in eine Zeitreihe muß softwaremäßig gelöst werden. Mit dem im Institut verwendeten Programm RADSHOW ist das leider nicht möglich. Damit kann man einen allgemeiner Eindruck vom Wettergeschehen über Köln erhalten. Man kann damit die Zugrichtung der Zellen oder Zellkomplexe erkennen, ihre Ausdehnung, ihre Dynamik.

Schwierigkeiten bereitet die exakte Zuordnung bestimmter Zellen auf dem Radarbild zu den zeitlichen Niederschlagszellen aus den Bodendaten. Selbst bei sehr heftigen Niederschlagsereignissen mit großen Reflektivitäten und großen Niederschlagsmengen ist diese Zuordnung nicht einfach.

Die unterschiedlichen Vorstellungen, die mit dem Begriff der Zelle zusammenhängen, wurden bereits im Kapitel 3 dargestellt. Hier ist die Bedeutung von Zelle einerseits die durch Isohyeten begrenzte Regenzelle nach Changnon (1981) und andererseits bezeichnet eine Zelle im Radarbild das Grundelement der Gewitter, begrenzt durch Linien bestimmter Reflektivität. Je nach Lage oder Anordnung der Zellen zueinander und ihrer Reflektivität werden mesoskalige, konvektive Wettersysteme klassifiziert. Eine Auflistung der beobachteten Muster der Zellen und ihrer Hierarchie innerhalb der mesoskaligen, konvektiven Wettersysteme finden sich bei Blanchard, (1990), Gupta und Waymire (1979), Kane et al. (1987), Schiesser et al. (1995).

Von Schiesser et al. (1995) wird eine Regenzelle von der 47 dBZ-Isolinie begrenzt. Dieses entspricht einer Regenrate von 30 mm/h (ca. 2.5 mm/5-Min.). Beträgt die Reflektivität einer Zelle mehr als 55 dBZ, so wird sie als Hagelzelle angesehen, da bei dieser Reflektivität Niederschlag in Form von Hagel wahrscheinlich ist. Die entsprechende Regenrate entspricht 100 mm/h (ca. 8.3 mm/5-Min.). Ein Zellkomplex wird nach Schiesser et al. (1995) durch die 40 dBz-Isolinie begrenzt und kann aus einer oder mehreren Zellen bestehen. Begrenzt durch die 25-dBZ-Isolinie wird ein mesoskaliges, konvektives System, welches einen oder mehrere Zellkomplexe enthalten kann. Die Reflektivitäten welche die Zellkomplexe bzw. die mesoskaligen konvektiven Systeme begrenzen, entsprechen einer Regenrate von 10 mm/h (ca. 1 mm/5-Min.) bzw. 1.0 mm/h (ca. 0.1 mm/5-Min.).

Vergleichende Betrachtung am Beispiel des Ereignisses vom 27.7.1995

Das Gewitterereignis vom 27. 7.95 ist von allen mit Hilfe der Bodenstationen und des Radars dokumentierten Ereignissen das Ereignis mit den größten Niederschlagsmengen. An diesem Tag fiel im Mittel 57 % der insgesamt im Juli registrierten Niederschlagsmenge. Maximal fielen dabei an der Meßstation Weiler 80.4 mm Regen. Der Großteil der anderen Stationen registrierte eine Niederschlagsmenge von wenigstens 40 mm.

Aus der „Berliner Wetterkarte" vom 27.7.1995 ist zu entnehmen, daß es vor allem im Rheinland zu heftigen Gewittern gekommen ist: „Bei den Gewittern fiel in der Kölner Bucht innerhalb kurzer Zeit mehr als 20 Liter Regen pro Quadratmeter, in Bonn-Duisdorf wurden zwischen 2 und 4 Uhr MESZ sogar fast 50 Liter gemessen. Am Köln-Bonner Flughafen wurden Sturmböen der Stärke 10 (51 kn) registriert." Der „Wöchentliche Witterungsbericht für

Nordrhein-Westfalen" erwähnt für den 27.7.1995 den „Durchzug einer markanten Gewitterli-nie mit starken Regenschauern und teils schweren Sturmböen". Und selbst der Lokalpresse war dieses Gewitter eine Schlagzeile wert: „Rumms! Ganz Bonn fiel aus dem Bett" (Express vom 28.7.1995, Bonner Ausgabe). Die Beschreibung des „Jahrhundert-Gewitter" und der „Horrornacht" ist hier recht dramatisch: „Blitz-Stakkato, ohrenbetäubender Donnerknall, sturmgepeitschte Wassermassen. Ein Inferno. Ganz Bonn wurde unsanft aus dem Schlaf ge-rissen, als um kurz nach 3 Uhr der „Weltuntergang" kam." Diese Zeitangabe stimmt gut mit den Daten aus dem Kölner Bodenmeßnetz überein. Diesen Daten nach begann dieses Ereignis um 3 h 20. Als erste registrierte die Meßstation Wahn im Südosten des Stadtgebiets im Zeit-raum 3h 20 und 3 h 25 Niederschlag.

Anhand Anhang A.8 läßt sich schematisch die Anfangsentwicklung dieses Ereignisses verfolgen. In der linken Spalte wird die Zeit in MESZ angegeben. Daneben folgt die Be-schreibung des Geschehens aus der Sicht der Radardaten und daneben aus der Sicht der Bo-denmeßdaten des Stadtgebietes von Köln.

Um 4 h 20 läßt sich aus den Bodenmeßdaten eine Abschwächung der Niederschlagstätig-keit erkennen. Es folgten jedoch weitere Zellen und erst ab 5 h 55 verzeichnete keine Station des Stadtgebiets Köln mehr Niederschlag. Diesen Messungen nach war die westlichste Meß-station (Nr. 8 = Richard Wagner-Str.) von diesem ersten Ansturm der Gewitterzellen nicht betroffen. In der betrachteten Stunde erreichte die Niederschlagsintensität die Stärke einer Hagelzelle nach Schiesser et al. (1995) über 45 Minuten lang.

Auffallend ist die große zeitliche Variabilität der Niederschlagsmenge. Um zu klären, ob das eine Folge der untersuchten Skala ist, werden die gleichen Untersuchungen auch in der fein-sten verfügbaren Auflösung (Minuten) gemacht. Aber auch von Minute zu Minute gibt es diese Variationen der Niederschlagsmenge. Innerhalb einer Minute sind Sprünge von 0 auf 20 mm möglich. Es stellt sich die Frage, ob so eine immense Variabilität bei einem ungewöhn-lich heftigem, konvektiven Ereignis möglich ist oder ob dieser Wert bereits im Grenzbereich des Tropfers liegt, wie in Kap. 2 angedeutet. Auf jeden Fall liegt diese Menge von 20 mm pro Minute weit oberhalb der maximalen kritischen Niederschlagsintensität von 2 mm/Minute (Eßer, 1993).

Betrachtet man den zeitlichen Verlauf dieses Ereignisses so unterscheidet sich das Ver-halten der beiden Stationen Nr.1 und 6 (Vondelstr. und Rodenkirchen) etwas von dem der benachbarten Stationen. Obwohl es in den umliegenden Stationen meist regnete, gab es hier immer wieder Pausen ohne Niederschlag (dazwischen für kurze Zeit auch starken Nieder-schlag). Einerseits ist es möglich, daß die Niederschlagsmenge hier oberhalb der kritischen Grenze der Tropfer lag (2 mm/Min.) und deswegen nicht immer registriert werden konnte. Andererseits liegen diese beiden Stationen, wie auch die meisten anderen Innenstadtstationen in einer Höhe von 20 bzw. 4 m über dem Gelände. Deswegen könnte dieses Verhalten auch durch den möglichen Einfluß der Gebäude auf das Windfeld erklärt werden.

Vergleicht man den Ereignisbeginn auf den Radarbildern, mit dem Ereignisbeginn der Bodendaten (Anhang A.8), so fallen drei Dinge auf:

- Der Zeitpunkt des Beginns ist recht unterschiedlich: um 3 h 20 (Bodenmeßnetz) bzw. um 2 h 40 (Radar in Sommerzeit). Die Differenz liegt bei 40 Minuten. Die Verzögerung durch die Fallzeit liegt etwa im Bereich von 5 Minuten. Das heißt, eine weitere Verzögerung von etwa einer halben Stunde bleibt ungeklärt.

- Rechnet man aus den Radarreflektivitäten die Regenraten, so liegen diese weit unter den Messungen des Bodennetzes. Die größte beobachtete Reflektivität von 32-40 dBZ entspricht einer Regenrate von 3 bis 10 mm/h. Das bedeutet, daß die Abschätzung der Regenmenge mit dem Radar zu gering ist.

- Übereinstimmung findet sich in der Bewegung der Zellen, die von Süden her über das Stadtgebiet herein ziehen und nach Norden hin abwandern. Übereinstimmend läßt bei beiden Meßverfahren nach etwa einer halben Stunde die Intensität des Ereignisses nach. Die Niederschlagsintensität nimmt danach zwar wieder zu, ohne jedoch die vorherige Heftigkeit wieder zu erreichen.

Untersucht man andere, weniger prägnante Ereignisse, ist der Vergleich zwischen Radarbild und Bodenmessungen noch schwieriger. Diese Beobachtungen zeigen, daß es bei dem direkten Vergleich von Radardaten und Daten aus Bodenbeobachtungen Schwierigkeiten bei der Zuordnung einer Zelle aus Bodenmessungen zu den Pixeln am Radarbild gibt. Ein exakter Vergleich der Boden- und der Radardaten ist nur durch eine automatische, pixelweise Betrachtung möglich. Ohne erheblichen Aufwand sind diese Probleme nicht zu beseitigen. Die Frage der Verzögerung muß geklärt werden. Über die Problematik der Fallzeit und der Niederschlagsrate kommt man zur Problematik des Tropfenspektrums. Hier besteht noch ein erhöhter Klärungsbedarf. Die Bodenmessungen selber sind auch nicht frei von Fehlern und Unsicherheiten. Folglich ist die Assimilation verschiedener Niederschlagsmessungen ein wichtiger Themenbereich, der noch nicht abgeschlossen ist.

Auffallend sind die großen Niederschlagsmengen, welche im Zusammenhang mit diesem Ereignis registriert wurden. Für die 5-Minutenwerte und die Minutenskala ist bereits auf Werte von 20 mm/5-Minuten hingewiesen worden. Diese Menge als Maximum der Minutenwerte liegt unter dem jemals gemessenen Maximalwert von 31.24 mm/Minute (Wiesner, 1970). Geht man zur 5-Minutenskala über, so liegen die hier gemessenen 20 mm/5-Minuten deutlich unter dem möglichen 5-Minutenmaximum nach Wiesner von 120.9 mm. Ebenso verhält es sich mit den Stunden- und Tagesmaxima der Stationen von Köln von 44.7 mm/h bzw. 80.4 mm/d und ihren möglichen Maxima von 421.6 mm/h bzw. 1907 mm/d nach Wiesner. Dabei muß jedoch berücksichtigt werden, daß einige dieser Maximalwerte aus anderen klimatischen Zonen mit ganz anderem Niederschlagsverhalten stammen. Als Vergleich für europäische Verhältnisse findet sich beispielsweise bei Ludlam (1980) die Beschreibung eines Niederschlagsereignisses in England, wo innerhalb von zweieinhalb Stunden 140 mm Niederschlag, teils als Hagel registriert wurden. In der ersten Stunde allein fiel schon etwa 100 mm Niederschlag.

Betrachtet man die Maxima der restlichen Monate der Kölner Datenreihe, so liegen sie deutlich unter den Maximalwerten, die im Juli 1995 aufgetreten sind. Für die Bonner Stationen finden sich die Maxima der 5-Minutenwerte (13.4 mm), der Stundensummen (35.9 mm), der Tagessummen (43.0 mm) im Juli 1994. Dieser Monat liefert mit 93.6 mm die größte Monatsmenge. Diese Werte sind alle kleiner als zum Vergleich die entsprechenden Maxima der Kölner Stationen.

6.4 Tagesgang der Zellen und Ereignisse

Im Verlaufe eines Tages wird im allgemeinen nachmittags und abends mit verstärkter Niederschlagsaktivität gerechnet. Changnon (1981) beobachtet in der USA bevorzugtes Auftreten (25%) der konvektiven Regenzellen in den Nachmittagsstunden von 15 h bis 18 h. Für den Bereich der Köln-Bonner Bucht begannen nach Böde (1995) im Sommer 1994 63 % aller Zellen im Zeitraum 12 -24 h. Dabei zeigen sich jedoch deutliche, räumliche Unterschiede der Verteilung. „Bis 12 Uhr MEZ entwickeln sich die Zellen vor allem im nördlichen Teil des Meßgebietes. Am Nachmittag und Abend liegt der Schwerpunkt der Verteilung weiter im Süden." Aufgrund der geringen Anzahl Ereignisse, die dieser Arbeit zugrunde liegen, kann nicht eindeutig ausgeschlossen werden, daß diese Häufungspunkte zufällig auftreten. Das Meßgebiet ist in dieser Untersuchung der vom Bonner Radar erfaßte Halbkreis, der sich von Bonn bis ins Oberbergische Land erstreckt. Der Mittelpunkt des Kreises liegt in Bonn Endenich, folglich sind die Bonner Stationen, sofern sie vom Radarstrahl erfaßt werden, in der Mitte und die Kölner Stationen im nördlichen Teil des Meßgebietes.

Überprüft wird, ob auch für die 5-Minutensummen des Niederschlags ein Tagesgang nachzuweisen ist. Die zeitliche Zuordnung der Zellen bzw. Ereignisse erfolgt jeweils zu ihrem Beginn. Nach Bödes Untersuchungen werden in Bonn folglich die meisten Ereignisse am Nachmittag und Abend erwartet. Für die Kölner Daten dürfte das Maximum früher am Tag, vor 12 Uhr liegen. Für die Bonner Daten zeigt Abbildung 6.2 den Tagesgang der Ereignisse (Zellen und Ereignisse sind hier gleich). Für die Kölner Daten wird die Untersuchung sowohl auf Zellen- als auch auf Ereignisbasis durchgeführt (Abbildung 6.3 und 6.4).Um den eventuellen Einfluß der Wetterlagen auf den Tagesgang der Zellen/Ereignisse zu berücksichtigen, wird auch der prozentuale Anteil der Ereignisse oder Zellen an Gewittertagen an der Gesamtzah der Ereignisse angegeben.

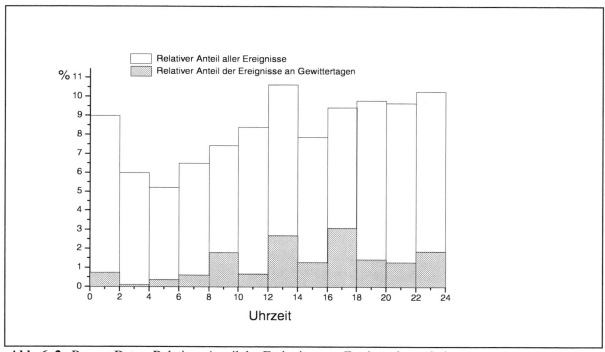

Abb. 6. 2.: Bonner Daten. Relativer Anteil der Ereignisse pro Zweistundenperiode.

Betrachtet man den Tagesgang im Stadtgebiet Bonn (Abb.6.2), so zeigt sich, daß weder die Verteilung des Ereignisbeginns aller Daten, noch diese der Gewittertage separat betrachtet, signifikant von der Gleichverteilung abweicht. Der Anteil von 57.5 % der Ereignisse, die zwischen 12 bis 24 Uhr beginnen entspricht etwa den Erwartungen.

Interessanter sieht der Tagesgang der Kölner Daten (Abb. 6.3) aus, wenn man den Beginn der Zellen untersucht: Zwar kann für die Verteilung aller Zellen die Gleichverteilung angenommen werden, nicht aber für den Tagesgang der Zellen an Gewittertagen. Bei einem Signifikanzniveau von 1 % wird hier die Gleichverteilung abgelehnt.

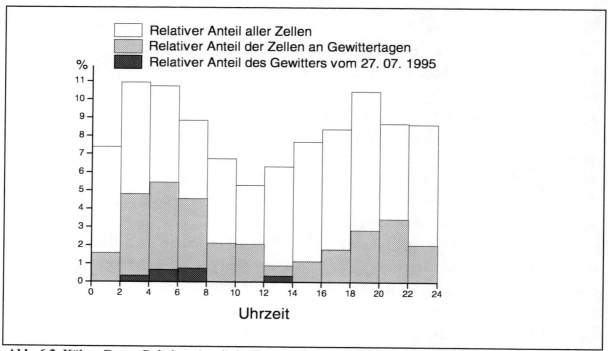

Abb. 6.3: Kölner Daten. Relativer Anteil der Zellen pro Zweistundenperiode.

Auf der Ebene der zusammengesetzten Ereignisse (Abb.6.4) wird die Verteilung glatter: Sowohl für alle Daten des Stadtgebiets Köln als auch für die Gewittertage separat kann die Gleichverteilung angenommen werden. Diese Untersuchung zeigt, daß im hier untersuchten Zeitraum Gewitterereignisse bevorzugt zwischen 2 und 4 Uhr beginnen und bis ca. 8 h eine Vielzahl Zellen produzieren. Ein wichtiges Ereignis, welches genau diese Charakteristik zeigt, ist das Gewitter vom 27.7.1995, welches in Kapitel 5.4 ausführlich besprochen wurde. Dieses Ereignis brachte 8.3 % aller Gewitterzellen im Stadtgebiet von Köln.

Einen ähnlichen Tagesgang, mit einem sekundären Maximum am Morgen findet sich nach Huff und Changnon (1973) im Stadtbereich von New Orleans für Gewitter. Das ländlich gelegene Flughafengebiet von New Orleans hingegen, weist im Tagesgang nur das eine, „übliche" Maximum mittags bis abends auf. Diese regionalen Unterschiede führen sie auf die Temperaturdifferenz zurück, welche in den frühen Morgenstunden maximal ist. Die höhere Temperatur der Stadtgebiete könnte hier die konvektive Aktivität zusätzlich antreiben.

Das bedeutet, daß dieses sekundäre Maximum in den Morgenstunden eine mögliche Folge des Stadteffekts ist. Im nächsten Abschnitt wird weiter auf Ursachen und weitere Folgen des Stadteffekts eingegangen.

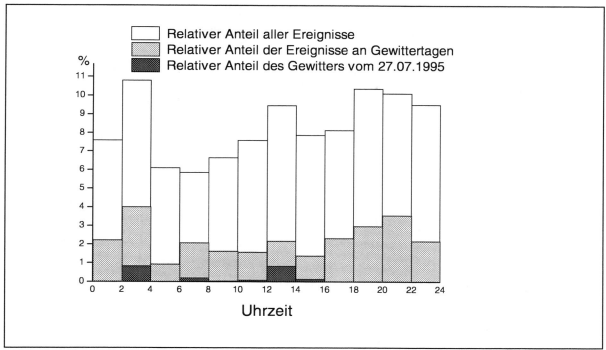

Abb. 6. 4: Kölner Daten. Relativer Anteil der Ereignisse pro Zweistundenperiode.

6.5 Ist ein Stadteffekt erkennbar ?

Eine Stadt unterscheidet sich von ihrem Umland nach Zimmermann (1987) vor allem durch vom Menschen durchgeführte Veränderungen. Diese können oberirdisch sein, wie z.B. Gebäude, Industrie- oder Verkehrsflächen, oder unterirdisch wie Entsorgungsleitungen und U-Bahnen. Dazu kommen noch die anthropogenen Energieumsetzungen und Abgase. Die Stadt hat Auswirkungen auf die Temperatur („Wärmeinsel"), auf die Luftfeuchtigkeit, die Menge der Verunreinigungen in der Luft, das Windfeld, den Niederschlag.

Nach Huff und Changnon (1973) bewirkt der Stadteffekt vor allem, daß aus vorhandenen Regenwolken mehr Niederschlag fällt. Nach Changnon et al. (1976) manifestiert sich der Stadteffekt besonders in den Sommermonaten durch eine Steigerung der Niederschlagsmenge und der Gewittertätigkeit und einen Anstieg der Zahl der heftigen Ereignisse mit Hagelschlag. Das Kondensationsniveau ist über Stadtgebieten deutlich höher als über dem Umland.

Diese Änderungen des Niederschlagsregimes können nach Huff und Changnon (1973) unterschiedliche Ursachen haben:

- einen thermischen Effekt, durch die höhere Temperatur im Stadtgebiet
- die Modifizierung der mikrophysikalischen und dynamischen Prozesse durch die Existenz von mehr Kondensationskeimen
- einen Anstieg der Turbulenz durch gestörte Luftströmung
- die Änderung des Feuchtehaushalts im Stadtgebiet durch Abgase, Kühltürme, veränderte Evapotranspiration

Eine dadurch beeinflußte Konvektion könnte aber auch auf das Umland advehiert werden. Um quantitativ festzustellen welchen Einfluß die Stadt auf das Lokalklima hat, bietet sich in erster Linie ein direkter Vergleich der meteorologischen Elemente des Stadtgebietes mit jenen des Umlandes an (Kratzer, 1956; Geiger 1961). Vergleichende Messungen sind jedoch sehr aufwendig.

Es gibt noch eine zweite Möglichkeit, anthropogene Auswirkungen zu erkennen. Nach Cerveny und Balling (1998) deutet ein erkennbarer Wochentrend meteorologischer Größen auf eine Beeinflussung durch den Menschen hin. Kein meteorologisches Phänomen zeigt konsequent eine siebentägige Periode. Menschliche Aktivitäten hingegen richten sich streng nach den Wochentagen aus. Sollten industrielle Aktivitäten einen Einfluß auf das Lokalklima haben, müßte er sich auch im Vergleich der Niederschläge an Werktagen und an Wochenenden zeigen (Huff und Changnon, 1973).

Bereits 1929 findet Ashworth in Rochdale (England) einen deutlichen Wochentrend des Niederschlags. Die Sonntage sind hier die Tage mit der geringsten Niederschlagsmenge und dafür die Montage die Tage mit der größten Menge. Den gleichen Wochentrend weist auch die gefallene Rußmenge auf. Dieses scheint einen Zusammenhang zwischen Ruß, als Kondensationskeimreservoir und Niederschlagsmenge nahezulegen.

Ähnliche Beobachtungen machen Huff und Changnon (1973) für New Orleans. In anderen Städten der USA ist dieser Wochentrend jedoch nicht nachweisbar und so kommen sie zu keinem eindeutigen Schluß bezüglich des Wochentrends.

Einen Wochentrend der Temperatur der nördlichen Hemisphäre findet Gordon (1994) mit größeren Temperaturen an den Werktagen und geringeren am Wochenende. Nach Cerveny und Balling (1998) ist ein Wochentrend des Niederschlags und der Schadstoffkonzentration über dem Atlantik in Nähe der amerikanischen Küste nachweisbar. Aus Satellitenbildern schließen sie auf die gefallene Niederschlagsmenge. Die Bestimmung der Niederschlagsmenge aus Satellitenbildern ist jedoch nicht optimal möglich. Zuverlässiger ist mittels der Satellitenbilder die Aussage über die Anwesenheit und Dauer von Niederschlagszellen. Eine gesteigerte Niederschlagtätigkeit wird hier für das Wochenende nachgewiesen, mit einem Maximum am Samstag.

Wie sich schon im Tagesgang gezeigt hat, könnten die Kölner Daten einen Stadteffekt aufweisen. Da Bonn sowohl bezüglich der Zahl der Einwohner, als auch der industriellen Aktivitäten neben Köln vergleichsweise klein erscheint, dürfte hier ein Effekt (falls er überhaupt wahrnehmbar ist) geringere Auswirkungen haben.

Um einen eventuellen Wochentrend zu erkennen, wird für die Bonner und Kölner Daten die Verteilung der folgenden Größen auf die einzelnen Wochentage bestimmt:
- der Zahl der Tage mit Niederschlag (Regentage)
- der Zahl der Zellen/Ereignisse pro Tag
- der gefallenen Niederschlagsmenge
- der Dauer der Zellen bzw. Ereignisse.

Zusätzlich werden die Verteilungen der Zahl der Zellen/Ereignisse, der Menge und der Dauer für die Gewittertage bestimmt. Die Abbildungen 6.5 und 6.6 sowie die Tabellen A7.1 und A7.2 im Anhang beinhalten die Ergebnisse dieser Untersuchungen. Mit dem Kolmogoroff-Smirnow-Test wird als erstes geprüft, ob die Zahl der Regentage über die Woche gleichverteilt ist. Als Regentag wird hier jeder Tag mit einer von Null verschiedenen Niederschlagsmenge gezählt, unabhängig von deren exaktem Betrag. Die Zuordnung der Niederschläge erfolgt für einen Tag von 0 Uhr bis 24 Uhr.

In der folgenden Untersuchung der Niederschlagsgrößen stellt diese Verteilung der Regentage die Vergleichsverteilung dar. Dadurch wird berücksichtigt, daß der Großteil der Beobachtungstage keinen Niederschlag brachten. Für die Verteilung der Regentage auf die Wochentage kann für Bonn und für Köln gleichermaßen die Gleichverteilung angenommen werden.

Für die **Bonner Daten** wird die HV der Ereignisse pro Wochentag (Abb.6.5 a), sowie deren Menge (Abb.6.5 b) und Dauer (Abb. 6.5 c) geprüft. Die Gleichverteilung kann hier für alle Größen angenommen werden. Der Einfluß der Gewitterereignisse zeigt sich vor allem in der Verteilung der Niederschlagsmenge. Dieser Einfluß ist jedoch nicht signifikant. Außerdem ist die Stichprobe für die spezielle Untersuchung von Gewittern zu klein, da es Wochentage (Dienstag und Samstag) gibt, an denen kein Gewitter aufgetreten ist.

Für die **Kölner Daten** wird einerseits anhand der Niederschlagszellen und andererseits mittels der zusammengefaßten Ereignisse untersucht, ob ein Wochentrend auftritt. Sowohl für die Zellen als auch für die Ereignisse wird die Verteilung der Zahl der Zellen/Ereignisse (Abb.6.6.a), deren Niederschlagsmenge (Abb.6.6.b) und Dauer (Abb.6.6.c) auf die Wochentage untersucht. Die Ereignisse werden nach dem PQ-Kriterium (Pausendauer $\leq$ 2 [5-Min.Per.], Quotient $\leq$ 3) zusammengefaßt.

Da beim Vorgang des Zusammensetzens jede Zelle (mit ihrer Menge und Dauer) dem Tag des Ereignisbeginns zugeordnet wird, unterscheidet sich die Verteilung der Menge und Dauer der Ereignisse etwas von jener der Zellen. In bezug auf die Verteilungen wäre es u.U. sinnvoll die Mitte der Ereignisse als Bezugspunkt zu nehmen und nicht den Beginn des Ereignisses.

(Zur Dauer des zusammengesetzten Ereignisses werden auch die Pausen zwischen den einzelnen Zellen mitgezählt). Die Unterschiede sind jedoch gering, so daß die folgenden Aussagen, die über die Verteilungen der Zellen gemacht werden, auch für die Ereignisse Gültigkeit haben.

Bei der Verteilung der Niederschlagsmenge auf die Wochentage (Abb.6.6 b) vor allem, zeigt sich ein deutlicher Einfluß der Gewitter. Die großen Werte am Donnerstag und am Dienstag sind jeweils auf ein Gewitterereignis zurückzuführen. Zum Beispiel wird das Maximum der Niederschlagsmenge am Donnerstag von dem bereits beschriebenen Gewitter am 27.7. 1995 verursacht.

Bonner Daten

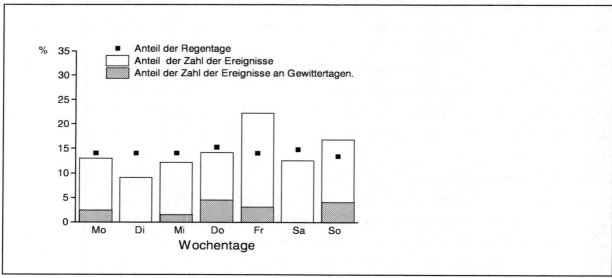

a. Verteilung der Regentage und der Zahl der Ereignisse auf die Wochentage.

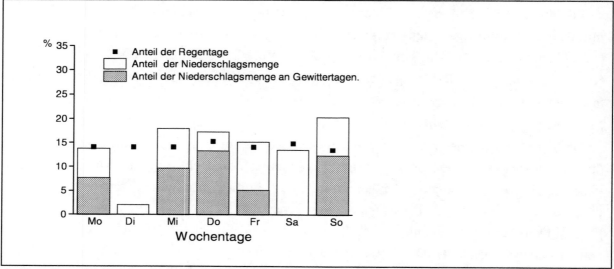

b. Verteilung der Regentage und der Niederschlagsmenge auf die Wochentage

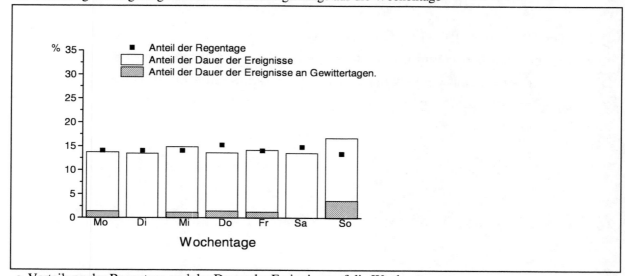

c. Verteilung der Regentage und der Dauer der Ereignisse auf die Wochentage

Abb. 6.5: Bonner Daten. Die relativen Häufigkeiten der Regentage, der Zahl der Ereignisse, der Niederschlagsmenge und der Dauer der Ereignisse der gesamten Daten und von Gewittertagen separat.

Kölner Daten

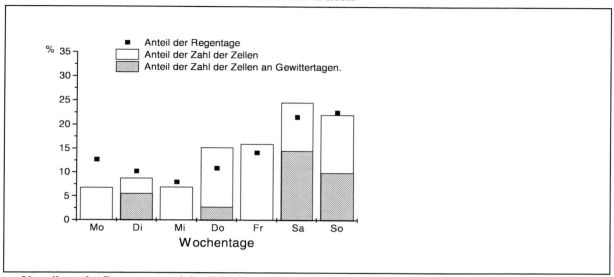

a. Verteilung der Regentage und der Zahl der Zellen auf die Wochentage.

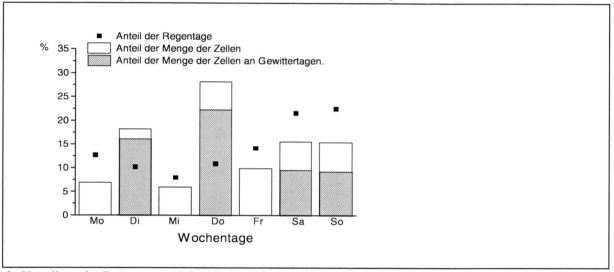

b. Verteilung der Regentage und der Niederschlagsmenge auf die Wochentage

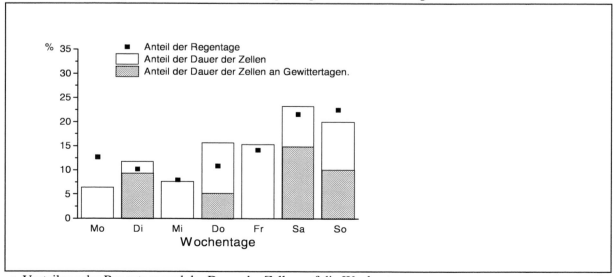

c. Verteilung der Regentage und der Dauer der Zellen auf die Wochentage

Abb. 6.6: Kölner Daten. Die relativen Häufigkeiten der Regentage, der Zahl der Ereignisse, der Niederschlagsmenge und der Dauer der Ereignisse der gesamten Daten und von Gewittertagen separat.

Bezogen auf die Zahl der Regentage kann auch für die Kölner Daten in allen Fällen die Gleichverteilung angenommen werden. Obwohl die Betrachtung der Abbildungen 6.6, für die Zahl der Zellen und der Dauer in Köln anscheinend einen Wochentrend suggeriert, kann er, bezogen auf die Verteilung der Regentage als nicht signifikant angesehen werden. Würde der Vergleich jedoch nicht auf die Verteilung der Regentage bezogen, sondern auf eine Gleichverteilung, so müßte diese für die Verteilung der Zahl der Zellen, der Menge und Dauer abgelehnt werden.

Interessant ist, daß für die beiden Stadtbereiche Bonn und Köln das Maximum der Zahl der Zellen und der Dauer in der zweiten Wochenhälfte zu finden ist (Freitag bzw. Sonntag), während deren Minima am Wochenanfang liegen (Dienstag bzw. Montag). Betrachtet man die Verteilung der Zahl der Zellen und deren Dauer, so scheinen sie den „Wochenendregen" nach Cerveny und Balling (1998) zu bestätigen. Für die Niederschlagsmenge allerdings findet sich kein Wochentrend. Hier zeigt sich der Einfluß einzelner, konvektiver Gewitterereignisse.

Es darf allerdings nicht vergessen werden, daß diese Ergebnisse nur auf zwei, relativ kleinen Stichproben beruhen. Um eine endgültige Aussage machen zu können, ob hinter diesen Ergebnissen wirklich ein Wochentrend steckt oder nicht, müßten die Untersuchungen an einer bedeutend größeren Datenmenge vorgenommen werden. Es müßte dann auch geklärt werden, ob sich ein „Wochenendregen" physikalisch erklären läßt und die anthropogene Verschmutzung eine gewisse Trägheit aufweist.
Vorläufig deuten die Ergebnisse darauf hin, daß die beobachtete Verteilung auf die Wochentage eher zufällig ist, und/oder die Stichprobe für diese Untersuchungen zu klein ist.

7. Schlußbetrachtungen

„...und wenn ich hier auch eigene Lehrsätze zu verteidigen unternommen habe, im guten Glauben an ihre Wahrheit und ernsthaften Sinnes, so verspreche ich doch, sie ohne Vorbehalt aufzugeben, sobald mir einer, der gescheiter ist als ich, einwandfrei einen Irrtum nachweist."

J. Kepler (Astronom und Mathematiker; 1571 - 1630)

Die Zielstellung dieser Arbeit war die Analyse und Modellierung von zeitlich und räumlich hoch aufgelösten Niederschlagsdaten (5-Minutensummen). Zwar gibt es zum Themenbereich der Niederschlagsdaten viele Untersuchungen, zur Modellierung derart hoch aufgelöster Daten finden sich jedoch wenig Hinweise, auf die man hätte aufbauen können.

Naheliegend ist, Modelle und Methoden, die beispielsweise für Stunden- oder Tagessummen gelten, auch auf ihre Eignung für 5-Minutensummen des Niederschlags zu testen. In vielen Fällen führten die in der Fachliteratur gefundenen Ansätze bei den 5-Minutensummen des Niederschlags nicht zum gewünschten Erfolg. In diesen Modellen und Verfahren werden bestimmte Voraussetzungen bezüglich der Verteilungen der Modellgrößen und Variablen gemacht. Vielfach erfüllen die 5-Minutensummen des Niederschlags diese Voraussetzungen nicht. Deswegen wurden einerseits Möglichkeiten gesucht, diese Verfahren so abzuändern, daß sie für die 5-Minutensummen verwendet werden können. Andererseits wurden speziell für die Anforderungen dieser Daten neue Ideen und Methoden hergeleitet und ausprobiert. Auch diese brachten manchmal erst nach mehreren Versuchen die Lösung einen Schritt näher. Deswegen wurden zu manchen Themenbereichen mehrere Methoden und Varianten vorgestellt und deren spezielle Eignung für diese Daten diskutiert.

Grundlage dieser Arbeit sind 5-Minutensummen des Niederschlags aus zwei räumlich hoch aufgelösten Stadtgebieten: Bonn und Köln (Kapitel 2). Diese Daten wurden mit unterschiedlichen Meßsystemen erhalten, Hellmann-Schreibern in Bonn und Tropfenzählern in Köln. Um Ergebnisse verläßlich vergleichen zu können, war eine systemabhängige Qualitätsprüfung der Daten unerläßlich. Die Prüfung wurde mit unterschiedlichen Prüfroutinen durchgeführt, welche jedoch für Niederschlagsdaten größerer Skala konzipiert sind. Als Ergebnis dieser Prüfung mußten einige Datenreihen als zweifelhaft ausgeschlossen werden.

Als Versuch, eine besser an die Eigenheiten der 5-Minutensummen angepaßte Prüfmethode zu finden, wurde das Kalman-Filter untersucht. Dieses Filter wird häufig eingesetzt, um die Qualität verrauschter Daten zu erhöhen. Bei der Anwendung auf die Niederschlagsdaten wurden in einem ersten Schritt die anfangs unbekannten Parameter des Kalman-Filters bestimmt. Da diese Berechnung durch die Zahl der Nullwerte innerhalb der Niederschlagsreihe beeinflußt wird, wurden unterschiedliche Ansätze und Lösungen untersucht.

Bei Probeläufen mit Datenreihen, in welchen einige Meßwerte absichtlich verfälscht wurden, zeigte sich, daß das Kalman-Filter unter günstigen Umständen, Datenreihen mit fehlerhaften Werten erkennen kann. Die einzelnen, fehlerhaften Werte, innerhalb dieser Datenreihen wurden damit jedoch nicht, wie anfangs erhofft, identifiziert.

Auch einige grundlegende Probleme wie die Frage nach der Unabhängigkeit der Niederschlagsereignisse, mußten gelöst werden. Die Frage, unter welchen Bedingungen registrierte Niederschlagssequenzen als unabhängig anzusehen sind, oder wann sie zu einem einzigen Niederschlagsereignis zusammengehören, ist für das Verständnis der Struktur und folglich für die Modellierung der Niederschlagsdaten von fundamentaler Bedeutung und wurde im dritten Kapitel diskutiert.

Dazu wurden unterschiedliche Methoden aus der Literatur eingesetzt, die jedoch die speziellen Anforderungen der 5-Minutensummen des Niederschlags nicht zufriedenstellend erfüllen. Deshalb wurden praktikable Methoden und Wege gesucht, welche die Besonderheiten dieser Skala berücksichtigen.

Im Rahmen dieser Arbeit wurde ein neues Kriterium zur Separierung unabhängiger Ereignisse entwickelt und getestet und zwar das PQ-Kriterium (Kap.3.2). Dieses Kriterium ist für die Betrachtung der 5-Minutenwerte des Niederschlags auf Zellenbasis geeignet und berücksichtigt die speziellen Besonderheiten der Niederschlagsdaten dieser hohen Auflösung. Der erste Schritt dieses Kriteriums beruht auf der Beurteilung der Pausendauer zwischen zwei aufeinanderfolgenden Niederschlagssequenzen. Im weiteren Verlauf wird aufgrund skalenspezifischer Überlegungen auch die Größe des Quotienten der Pausendauer zur mittleren Ereignisdauer herangezogen. Mit diesem Kriterium erfolgte schließlich die Beurteilung der Niederschlagssequenzen und die Separation der unterschiedlichen, unabhängigen Ereignisse. Diese Einteilung ist hierarchisch, denn Ereignisse, die als unabhängig vorausgesetzt werden, können aus einer oder mehreren Zellen bestehen. Die Ergebnisse zeigen, daß das neu entwikkelte PQ-Kriterium den Anforderungen der 5-Minutensummen gerecht wird.

Bevor die eigentlichen Niederschlagsmodelle erstellt wurden, sollte in einem ersten Schritt möglichst viel über den „Charakter" der 5-Minutensummen erkannt werden. Dazu wurden die Daten mit statistischen Methoden untersucht und die empirischen Häufigkeitsverteilungen der Modellgrößen (Zahl der Ereignisse pro Zeiteinheit, Niederschlagsmenge, Dauer der Zellen usw.) bestimmt (Kap.4.1). Diese empirischen Verteilungen der Modellgrößen der 5-Minutenwerte bilden die Grundlage der modifizierten Niederschlagsmodelle und bestimmen die Zahl der Modellparameter.

Auf diese Art und Weise wird jedoch nur die Art der Verteilung der Modellgrößen bestimmt. Die Zahlenwerte der empirisch bestimmten Parameter dieser Verteilungen können nicht in die Modelle übernommen werden, da es einige grundlegende Unterschiede zwischen den beobachteten Zellen/ Ereignissen und den modellierten Ereignissen gibt: Die Modelle bauen auf „Pulsen" (manchmal in der Literatur auch „Zellen" genannt) auf, die sich überlappen dürfen. Dieses Verhalten kommt bei realen Niederschlagsdaten nicht vor; hier treten die Ereignisse bzw. Zellen zeitlich und räumlich getrennt auf. Somit werden die Modellparameter als unbekannt angesehen und erst später aufeinander und auf das Modell abgestimmt berechnet werden.

Die hier vorgestellten Niederschlagsmodelle bauen auf der Theorie des Poisson-Prozesses auf. In den Modellen aus der Literatur wird die Verteilung der Zahl der Ereignisse pro Tag durch einen Poisson-Prozess bestimmt. Die Niederschlagsmenge und die Dauer der Zellen werden hier meist als exponentialverteilt angenommen.

Niederschlagsmodelle aus der Literatur wurden entsprechend den speziellen, empirisch gefundenen Anforderungen dieser Daten modifiziert. Die Untersuchung der empirischen Verteilungen zeigte, daß die Verteilung der Zahl der Ereignisse pro Tag in der 5-Minuten-Skala besser durch eine geometrische Verteilung als durch eine Poisson-Verteilung angepaßt werden kann. Dies ist in Einklang mit den Ergebnissen von anderen Untersuchungen z.B. denen von Kostinski und Jameson (1997) an hochaufgelösten Niederschlagsdaten (Regentropfen). Dabei wurde gezeigt, daß die geometrische Verteilung als Überlagerung von mehreren Poisson-Verteilungen mit unterschiedlichen Parametern angesehen werden kann.

In den Originalmodellen wurde die Exponentialverteilung für die Zelldauer und die Niederschlagsmenge verwendet. Für die Zelldauer kann die Exponentialverteilung auch in den modifizierten Modellen beibehalten werden. Für die Menge jedoch wird die Pareto-Verteilung eingesetzt.

Als Vertreter der einfachen Pulsmodelle wurde das rechteckige Pulsmodell RPM nach Rodriguez-Iturbe et al. (1984) (Kap.4.2) vorgestellt und entsprechend der Eigenheiten der Bonner Daten modifiziert (MRPM). Komplexer und realitätsnäher sind die Clustermodelle (Kap.4.3). Das Neyman-Scott-Clustermodell NSM nach Entekhabi et al. (1989) wurde aus der Reihe der Clustermodelle ausgewählt und speziell für die Kölner Daten modifiziert (MNSM). Die Ergebnisse der modifizierten Modelle wurden mit denen der ursprünglichen Modelle verglichen.

Zur Bestimmung der Modellparameter (Kap.4.4) wurden empirisch bestimmte Schätzwerte von statistischen Momenten, wie z.B. dem Mittelwert, der Varianz oder Kovarianzen der Niederschlagsmenge verwendet. Die Berechnung der Modellparameter erfolgt über die Minimierung des Anpassungsfehlers. Dieser wird bestimmt durch die Unterschiede zwischen den geschätzten, empirischen Momenten (Mittelwert, Varianz, Kovarianzen, Autokorrelationskoeffizienten) und ihren, mittels der Modellgleichungen berechneten Analoga. Die Anpassung erfolgt dadurch, daß den Modellparametern in den Modellgleichungen solche Werte zugewiesen werden, womit der Anpassungsfehler minimiert wird.

Je nach Anzahl der Modellparameter müssen drei (für die Originalvariante des Pulsmodells) bis sechs empirische Schätzwerte (für das modifizierte Neyman-Scott-Modell) angegeben werden. In allen Fällen war den Modellen somit der Mittelwert der Niederschlagsmenge, deren Varianz und deren Kovarianz der Zeitverschiebung lag=1 der untersuchten Zeitskala bekannt.

Bewertet wurde die Qualität der Modelle anhand der Autokorrelationsfunktion (AKF), die Aussagen über den Prozeß erlaubt. Dabei wurde für alle Modelle, auch für unterschiedliche Wetterbedingungen (z.B. Gewitter- oder Nichtgewittertage) der Verlauf der theoretisch bestimmten AKF mit der empirisch gefundenen AKF verglichen.

Einerseits wurde die Fähigkeit der Modelle untersucht, den weiteren, (dem Modell) unbekannten Verlauf der Autokorrelationsfunktion der gleichen Zeitskala zu simulieren. Andererseits wurde die skalenübergreifende Gültigkeit der Modelle untersucht, indem die Modelle an Schätzwerte einer Skala angepaßt wurden, mit den Modellparametern aber auch die Autokorrelationsfunktion einer anderen Skala berechnet wurden. Diese Berechnungen wurden für das Bonner und das Kölner Stadtgebiet einerseits in der Skala der 5 Minutenwerte und andererseits der daraus gebildeten Stundensummen durchgeführt.

Es zeigt sich, daß in der Regel die Clustermodelle besser abschneiden als die einfacheren Pulsmodelle. Für die Zeitskala, welche zur Berechnung der Modellparameter verwendet wurde, sind erwartungsgemäß die Ergebnisse der modifizierten Modelle besser als diese der Originalvarianten.

Will man Modelle, deren Parametersatz skalenübergreifend gültig ist, so sollte man die Originalversion der Modelle verwenden. Damit lassen sich die AKF beider Skalen mehr oder weniger gut modellieren, sie sind jedoch in der Regel den modifizierten Varianten der angepaßten Skala unterlegen. Das zeigt, daß die modifizierten Modelle zwar für jede Skala einen neuen Parametersatz benötigen, damit aber die beobachtete AKF besser simulieren können, als die Originalversionen. Auch auf unterschiedliche Korrelationsbedingungen, bedingt durch unterschiedliche Wetterbedingungen können sich die modifizierten Varianten besser einstellen. Diese Ergebnisse bestätigen die Erwartungen.

Die Ergebnisse der Kölner Daten zeigen, daß im Falle extremer Bedingungen, bedingt durch besonders heftige Gewitterereignisse, die Modelle an ihre Grenzen stoßen.

Obwohl der Schwerpunkt dieser Arbeit die zeitliche Analyse der Niederschlagsreihen ist, wurde, wie im Kapitel 6 besprochen, mittels der Cluster-Analyse nach räumlichen Mustern im Stadtgebiet von Köln gesucht (HMEANS-Algorithmus nach Späth (1975)). Leider ist das Untersuchungsgebiet mit 20 mal 20 km und 18 Stationen für derartige räumliche Untersuchungen recht klein. Die Ergebnisse fallen, je nach zugrunde liegendem Kriterium, nach der Unterscheidung in Gewitter- und Nichtgewittertage und erlaubter Cluster-Anzahl jedesmal anders aus.

Trotzdem finden sich einige Stationsgruppen mit ähnlichem Verhalten, die meist zusammen im gleichen Cluster liegen. So zeichnet sich vor allem der nordöstliche Teil des Untersuchungsgebietes (Übergang des Rheintals zum Bergischen Land) durch Niederschlagsereignisse mit vielen Zellen, großer Dauer, jedoch mit geringer Niederschlagsmenge aus. Bestimmt werden hier die räumlichen Muster vor allem durch die Ereignisse an Nichtgewittertagen. Eine andere Gruppierung zeichnet sich in Rheinnähe und im Innenstadtbereich ab, wo trotz geringer Zellenzahl und geringer Dauer eine beachtliche Niederschlagsmenge registriert wurde. Diese Ergebnisse könnten möglicherweise auf einen Stadteffekt hindeuten, mit verstärkter konvektiver Aktivität im Innenstadtbereich.

Auf die Kölner Daten wurde ein weiteres Regionalisierungsverfahren (nach DeGaetano, 1998) angewandt, welches Methoden der Cluster-Analyse mit Wahrscheinlichkeitsüberlegungen verbindet. Damit erhält man zwei disjunkte Regionen: einerseits die Stationen im Innenstadtbereich und in Rheinnähe, andererseits alle weiter außen liegenden Stationen. Auch diese Ergebnisse deuten an, daß sich die Niederschlagtätigkeit im Innenstadtbereich anders verhält als in den Randgebieten von Köln, jedoch sind die Unterschiede nicht signifikant.

Anhand einiger ausgewählter Ereignisse, sollte im direkten Vergleich von Daten aus dem Bodenmeßnetz und dem Bonner Radar eine umfassendere und ergänzende Erfassung dieser Ereignisse ermöglicht werden. Es zeigt sich, daß selbst bei dem beeindruckendsten und kräftigsten Ereignis, für welches derartige parallele Datensätze vorliegen (vom 27.7.1995) eine Zeitverschiebung von etwa einer halben Stunde nicht geklärt werden kann und auch betreffs der Niederschlagsmenge die Übereinstimmung eher gering ist. Zu diesem Themenbereich sind noch weiterreichende Untersuchungen nötig.

Schließlich wurde im sechsten Kapitel untersucht, ob sich für das Stadtgebiet von Köln ein Stadteffekt nachweisen läßt. Dabei wurde berücksichtigt, daß ein möglicher Stadteffekt sich durch einen besonderen Tagesgang der Zellen/Ereignisse manifestieren kann. Die Zeitpunkte des Zellbeginns deuten für Köln tatsächlich einen entsprechenden Effekt an.

Andererseits läßt auch ein Wochentrend meteorologischer Größen auf anthropogene Einflüsse schließen, da sich deren Aktivitäten nach den Wochentagen richten. Natürliche Phänomene unterscheiden nicht zwischen Werktagen und Wochenende und sollten im Wochenverlauf eher zufällig (d.h. gleichverteilt) auftreten. Für die Zahl der Zellen/Ereignisse, die Niederschlagsmenge und die Dauer der Zellen wurde die Verteilung auf die Wochentage untersucht. Für beide Stadtgebiete fanden sich jeweils die Maxima dieser Größen in der zweiten Wochenhälfte und deren Minima am Wochenanfang. Für Köln scheint diese Verteilung auf den ersten Blick den sogenannten „Wochenendregen" zu bestätigen. Laut Literaturstellen könnte die Luftverschmutzung durch menschliche Aktivitäten zu diesem Phänomen führen. Die Unterschiede sind jedoch, bezogen auf die Verteilung der Tage mit Niederschlag nicht signifikant. Das Maximum der Menge am Donnerstag läßt sich dadurch erklären, daß hier die heftigsten Gewitter donnerstags waren.

Empfehlenswert wäre eine weiterreichende Untersuchung des Tages- und Wochengangs längerer Zeitreihen und weiterer Meßstationen, um zu klären ob diese Ergebnisse zufällig sind, oder ob sich in Köln wirklich ein Stadteffekt abzeichnet.

Anhang A Tabellen und Ergebnisse

Die folgenden Tabellen enthalten die empirischen Häufigkeitsverteilungen der Meßstationen aus Bonn und Köln. Klassenweise wurden die Häufigkeiten summiert, so daß man eine einzige, repräsentative Häufigkeitsverteilung (HV) für das gesamte Stadtgebiet erhält. Außerdem wurden theoretische Verteilungen (Poisson- Exponential- Pareto oder geometrische Verteilung) mit entsprechenden Parametern berechnet. In den meisten Fällen (1-parametrige HV) wurde dieser Parameter durch den empirischen Mittelwert geschätzt, der für jede Tabelle angegeben wird.

Die Verteilung der Dauer der Zellen/Ereignisse der 5-Minutenauflösung in den Tabellen A6.3 und A6.4 wird mit einer Exponentialverteilung verglichen. Im Falle beider Stadtgebiete fällt auf, daß die Zellen extrem kurzer Dauer unverhältnismäßig stark vertreten sind. Die Exponentialverteilung, die aus dem empirischen Mittelwert berechnet wurde, wird für beide Stadtgebiete abgelehnt. Da die empirischen Mittelwerte möglicherweise fehlerhaft und ungenau sind, wird das im Anhang B.4 beschriebene Optimierungsverfahren angewandt um eine Aussage über die Verteilung der Dauer zu machen.

Mit dem Optimierungsverfahren wird ein optimaler Mittelwert von 16.8 [5-Min.Per.] pro Zelle für Bonn berechnet. Für Köln liegt der optimalen Mittelwert bei 1.03 [5-Min.Per.] pro Zelle. Die mit diesen optimalen Mittelwerten konstruierte Exponentialverteilung können mit dem Kolmogoroff-Smirnow-Test angenommen werden.

A1: Statistik der Zellen

Häufigkeitsverteilung der Zahl der Zellen pro Tag:

Nr.	Stationsname	Zahl Zellen	Varianz [d^{-2}]	Zahl der Zellen/Tag											
				0	1	2	3	4	5	6	7	8	9	10	>10
1	Ramersdorf	247	6.02	31	44	13	13	4	5	2	5	1	1	1	2
2	Bauhof Bonn	166	3.37	21	30	17	9	10	2	1			1	1	
4	Mehlem	123	6.78	16	25	6	1	3	1	6		1		1	1
6	Heiderhof	289	6.00	25	28	30	11	11	5	2	2	2	4	1	1
7	Heizkraftwerk	86	2.58	24	16	6	7	3	5						
10	Beuel	133	3.85	12	16	13	7	5	3	2	2	1			
11	Niederholtorf	151	5.22	11	15	10	10	5	2	4	3				1
12	Plittersdorf	205	3.88	16	20	26	10	6	7	1	2	3			
13	Poppelsdorf	136	3.48	9	14	21	4	5	4	1	2	1			
14	Röttgen	169	5.98	27	34	11	5	5	3	1		3	1		2
15	Venner Str.	156	5.52	9	15	14	8	5	3	1	3	2			1
16	Venusberg	248	4.41	23	41	27	11	7	1	3	7		1		1
17	Vilich	119	3.85	13	23	7	6	4	3	2	3				
18	Vilich Mühldorf	192	4.14	17	31	14	8	11	4	2	3				1
19	Villiprott	111	5.62	21	20	5	3	4	2	1	1	3	1		
20	Witterschlick	260	4.91	22	20	5	3	4	2	1	1	3	1		1
Empirische HV (Summe)		2791	75.61	297	418	237	126	95	57	31	36	19	11	4	11
Geometr. HV	annehmen			436	294	199	134	90	61	41	28	19	13	9	18
Poisson HV	ablehnen			168	349	363	251	131	54	19	6	1			

Tab. A1.1: Bonner Daten. 2791 Zellen an 1342 Tagen → Mittelwert = 2.077 [d^{-1}] und mittlere Varianz = 2.174 [d^{-2}]

Nr.	Stationsname	Zahl Zellen	Varianz [d^{-2}]	Zahl der Zellen/Tag											
				0	1	2	3	4	5	6	7	8	9	10	>10
1	Vondel Str.	316	25.19	81	4	4	6	3		2	5	3	1	2	11
2	Stadthaus	289	19.06	77	10	3	4	4	1	2	3	3	5	2	8
3	Venloer Str.	305	21.0	73	9	7	5	4	4	1	4	1	2	3	9
4	Berg.-Glad.-Str.	330	26.76	75	6	8	7	1	4	2	1	2	3	4	9
6	Rodenkirchen	297	19.45	78	2	6	8	2	4	4	2	4	2	2	8
7	Gleueler Str.	324	24.46	75	4	11	5	5	1	2		4		1	14
8	Rich.-Wagner-Str.	287	20.84	76	4	8	9	3	5	2	2	1	4		8
9	Neusser Str.	274	17.69	70	15	8	7	2	1	3	2	2	1	2	9
10	Ensener Weg	301	19.56	78	4	5	5	3	5	1	2	6	4	1	8
12	Hochkirchen	310	30.55	81	7	9	3	3	2		1	3		1	12
13	Langel	313	36.0	84	8		8	4	2			3	1	2	10
14	Stammheim	331	33.30	84	6	3	4	3	2	1	1	3	2	1	12
15	Longerich	301	29.69	83	6	4	5	4	2	2	4	1	1		10
16	Weiler	327	35.0	85	5	4	2	2	5	4	2			1	12
17	Wahn	316	30.69	82	5	5	5	2	4	3	2	1	1	1	11
18	Rath-Heumar	351	35.27	80	7	2	6	4	1	2	4	1	2	1	12
19	Ostfriedhof	401	45.46	80	7	2	4	3	2	2	5		1		16
20	Dünnwald	374	42.48	81	7	2	6	1	4	3	1	2	2	1	12
Empirische HV (Summe)		5747	512.45	1423	116	91	99	53	49	36	41	40	33	24	191
Geometr. HV	ablehnen			606	439	318	230	167	121	87	63	46	33	24	62
Poisson HV	ablehnen			160	420	549	479	313	164	71	27	9	3	1	

Tab. A1.2: Kölner Daten. 5747 Zellen an 2196 Tagen → Mittelwert = 2.617 [d^{-1}] und die mittlere Varianz =5.336 [d^{-2}].

Häufigkeitsverteilung der Pausendauer:

Nr.	Stationsname	Zahl Zellen	Pausendauer [h]											
			1	2	3	4	5	6	7	8	9	10	11	>11
1	Ramersdorf	247	105	25	16	8	3	5	3	6	2	5	2	67
2	Bauhof Bonn	166	51	18	5	10	6	4	2	7	5	3	3	52
4	Mehlem	123	50	14	8	3	5	1	-	2	-	2	-	38
6	Heiderhof	289	106	44	15	18	8	7	6	-	5	3	5	73
7	Heizkraftwerk	86	22	12	6	5	4	1	1	2	1	1	-	31
10	Beuel	133	46	18	10	5	5	5	2	4	2	-	-	36
11	Niederholtorf	151	58	17	16	9	3	2	2	4	3	2	1	34
12	Plittersdorf	205	80	28	15	8	6	5	3	3	-	2	2	53
13	Poppelsdorf	136	33	20	16	5	6	6	3	4	3	-	1	39
14	Röttgen	169	65	17	6	8	4	2	2	1	1	4	2	57
15	Venner Str.	156	63	21	11	9	9	3	1	1	1	2	1	34
16	Venusberg	248	87	24	14	12	7	7	3	6	3	4	5	76
17	Vilich	119	40	16	11	4	4	2	-	2	1	2	-	37
18	Vilich Mühldorf	192	65	30	9	9	4	8	-	-	4	6	2	55
19	Villiprott	111	39	19	9	5	2	1	1	1	2	-	2	30
20	Witterschlick	260	77	41	15	17	7	7	5	3	4	6	4	74
Empirische HV (Summe)		2791	987	364	182	135	83	66	34	46	37	42	30	785
Exponential HV		ablehnen	293	262	234	210	188	168	151	135	121	108	97	824

Tab. A1.3: Bonner Daten. 2791 Zellen haben zusammen eine Pausendauer von 302 313 [5-Min.Per.]
→ Mittelwert = 108.3 [5-Min.Per.] = 9.0 [h].

Nr.	Stationsname	Zahl Zellen	Pausendauer [h]											
			1	2	3	4	5	6	7	8	9	10	11	>11
1	Vondel Str.	316	227	22	11	4	4	5	2	2	3	3	1	32
2	Stadthaus	289	183	24	17	12	1	3	3	2	2	3	2	37
3	Venloer Str.	305	192	30	9	10	7	3	3	3	3	3	1	41
4	Berg.-Glad.-Str.	330	231	18	11	9	6	6	2	2	2	3	1	39
6	Rodenkirchen	297	189	26	17	9	6	4	1	3	1	4	3	34
7	Gleueler Str.	324	201	39	15	9	3	5	5	1	3	3	2	38
8	Rich.-Wagner-Str.	287	180	27	16	9	3	1	4	3	3	-	4	37
9	Neusser Str.	274	167	21	11	7	3	8	2	1	5	3	3	43
10	Ensener Weg	301	190	23	19	8	7	5	2	1	3	5	1	37
12	Hochkirchen	310	234	18	6	3	4	3	1	-	1	3	1	36
13	Langel	313	246	9	3	4	6	3	1	2	3	2	2	32
14	Stammheim	331	266	12	4	3	3	4	2	2	-	2	2	31
15	Longerich	301	234	9	7	6	2	5	2	-	1	1	1	33
16	Weiler	327	248	19	5	7	3	3	2	3	1	6	1	29
17	Wahn	316	243	17	8	3	2	3	3	-	-	-	2	35
18	Rath-Heumar	351	264	22	8	7	4	-	2	2	-	1	3	38
19	Ostfriedhof	401	314	26	6	7	6	-	1	1	3	2	1	34
20	Dünnwald	374	298	14	9	3	5	3	3	2	-	2	3	32
Empirische HV (Summe)		5747	4107	376	182	120	75	64	41	30	34	46	34	638
Exponential HV		ablehnen	685	603	531	468	412	363	320	282	248	219	192	142

Tab. A1.4: Kölner Daten. 5747 Zellen haben zusammen eine Pausendauer von 543 484 [5-Min.Per.]
→ Mittelwert = 94.57 [5-Min.Per.] = 7.88 [h].

A 2: Identifizierung unabhängiger Ereignisse nach der Pausendauer

Statistik der Ereignisse nach dem Zusammenfassen, falls Pausendauer $\leq t_{bo}$:

Häufigkeitsverteilung der Zahl der Ereignisse pro Tag :

Nr.	Stationsname	Zahl Ereignisse	Zahl der Ereignisse/Tag											
			0	1	2	3	4	5	6	7	8	9	10	>10
1	Ramersdorf	130	39	56	14	7	5	1						
2	Bauhof Bonn	108	23	38	23	8								
4	Mehlem	68	17	28	11	2	3							
6	Heiderhof	171	27	44	32	14	4	1						
7	Heizkraftwerk	61	25	19	11	5		1						
10	Beuel	82	13	23	17	7	1							
11	Niederholtorf	86	12	24	15	8	2							
12	Plittersdorf	117	20	34	30	5	2							
13	Poppelsdorf	97	9	20	21	9	2							
14	Röttgen	97	28	41	18	2	2		1					
15	Venner Str.	88	11	24	15	10	1							
16	Venusberg	155	30	50	28	10	2	1	1					
17	Vilich	76	14	26	15	4	2							
18	Vilich Mühldorf	115	18	42	24	4	2	1						
19	Villiprott	62	21	28	6	2	4							
20	Witterschlick	170	24	53	29	7	8		1					
Empirische HV (Summe)		1683	331	550	309	104	40	5	3					
Geometr. HV		ablehnen	596	331	184	102	57	32	18	10	5	3	4	
Poisson HV		annehmen	383	480	301	126	40	10	2					

Tab. A2.1: Bonner Daten. Ereignisse definiert durch t_{bo} = 17 [5-Min.Per.]. Es bleiben 1683 Ereignisse an 1342 Tagen $\rightarrow$ Mittelwert = 1.254 [d^{-1}].

Nr.	Stationsname	Zahl Ereignisse	Zahl der Ereignisse/Tag											
			0	1	2	3	4	5	6	7	8	9	10	>10
1	Vondel Str.	28	94	28										
2	Stadthaus	31	91	31										
3	Venloer Str.	34	88	34										
4	Berg.-Glad.-Str.	30	92	30										
6	Rodenkirchen	30	92	30										
7	Gleueler Str.	34	88	34										
8	Rich.-Wagner-Str.	31	91	31										
9	Neusser Str.	40	82	40										
10	Ensener Weg	30	92	30										
12	Hochkirchen	31	91	31										
13	Langel	29	94	27	1									
14	Stammheim	27	96	25	1									
15	Longerich	30	92	30										
16	Weiler	25	98	23	1									
17	Wahn	31	91	31										
18	Rath-Heumar	29	94	27	1									
19	Ostfriedhof	31	91	31										
20	Dünnwald	28	94	28										
Empirische HV (Summe)		549	1651	541	4									
Geometr. HV		annehmen	1757	351	70	14	3	1						
Poisson HV		annehmen	1710	428	53	5								

Tab. A2.2: Kölner Daten. Ereignisse definiert durch t_{bo} = 176 [5-Min.Per]. Es bleiben 549 Ereignisse an 2196 Tagen $\rightarrow$ Mittelwert = 0.25 [d^{-1}].

Häufigkeitsverteilung der Pausendauer:

Nr.	Stationsname	Zahl Ereignisse	Pausendauer [h]											
			3	6	9	12	15	18	21	24	27	30	33	>3?
1	Ramersdorf	130	29	16	11	11	6	5	4	5	7	8	3	25
2	Bauhof Bonn	108	16	20	14	11	7	5	6	3	5	3	2	16
4	Mehlem	68	17	9	2	3	9	5	5	1	2	2	1	12
6	Heiderhof	171	47	33	11	11	3	9	14	10	9	7	5	12
7	Heizkraftwerk	61	15	10	4	3	2	1	1	3	3	2	1	16
10	Beuel	82	23	15	8	-	6	8	3	4	3	6	2	4
11	Niederholtorf	86	26	14	9	4	4	6	4	3	6	4	2	4
12	Plittersdorf	117	35	19	6	7	7	3	8	10	6	4	2	10
13	Poppelsdorf	97	30	17	10	2	7	5	6	5	4	3	1	7
14	Röttgen	97	16	14	4	7	8	8	4	8	5	2	-	21
15	Venner Str.	88	27	21	3	6	6	3	6	7	3	3	-	3
16	Venusberg	155	32	26	12	15	9	16	9	8	7	5	1	15
17	Vilich	76	24	10	3	3	4	2	6	3	6	3	-	12
18	Vilich Mühldorf	115	27	21	4	9	10	11	6	11	2	5	2	7
19	Villiprott	62	18	8	4	3	5	2	3	4	-	1	1	13
20	Witterschlick	170	43	31	12	17	4	10	9	10	8	5	6	15
Empirische HV (Summe)		1683	425	284	117	112	97	99	94	95	76	63	29	192
Exponential HV		annehmen	312	254	207	169	137	112	91	74	61	49	40	177

Tab. A2.3: Bonner Daten. Ereignisse definiert durch t_{bo} = 17 [5-Min.Per]. Die zusammengefaßten 1683 Ereignisse habe zusammen eine Pausendauer von 295 783 [5-Min.Per]. → Mittelwert = 175.75 [5-Min.Per] = 14.65 [h].

Nr.	Stationsname	Zahl Ereignisse	Pausendauer [h]										
			15	16	17	18	19	20	21	22	23	24	25	>25
1	Vondel Str.	28	1	1	2	-	-	1	1	1	-	-	-	21
2	Stadthaus	31	1	2	1	-	2	-	1	-	1	-	-	23
3	Venloer Str.	34	2	1	1	1	-	-	1	-	-	-	1	27
4	Berg.-Glad.-Str.	30	2	1	-	-	2	-	1	2	1	-	-	21
6	Rodenkirchen	30	2	1	-	1	-	1	1	1	-	-	1	22
7	Gleueler Str.	34	2	2	2	1	1	-	2	-	3	-	-	21
8	Rich.-Wagner-Str.	31	3	1	1	-	-	1	-	3	-	1	3	18
9	Neusser Str.	40	4	3	1	1	2	-	-	1	1	-	1	26
10	Ensener Weg	30	2	-	-	1	-	1	-	3	-	-	1	22
12	Hochkirchen	31	1	1	-	-	-	1	1	3	-	-	-	24
13	Langel	29	2	3	1	1	-	-	-	-	-	-	1	21
14	Stammheim	27	1	1	2	-	1	-	1	-	-	-	-	21
15	Longerich	30	1	1	2	2	2	-	-	-	-	1	1	20
16	Weiler	25	1	-	2	1	-	-	1	-	-	-	-	20
17	Wahn	31	1	-	2	-	1	1	1	2	-	1	-	22
18	Rath-Heumar	29	2	2	-	-	-	1	1	-	1	-	-	22
19	Ostfriedhof	31	4	1	-	2	-	2	-	-	-	-	-	22
20	Dünnwald	28	1	-	2	-	1	1	1	-	1	-	-	21
Empirische HV (Summe)		549	33	21	19	11	12	10	13	16	8	3	9	394
Exponential HV		annehmen	105	6	6	6	6	6	6	6	6	6	5	386

Tab. A2.4: Kölner Daten. Ereignisse definiert durch t_{bo} = 176 [5-Min.Per]. Die zusammengefaßten 549 Ereignisse habe zusammen eine Pausendauer von 466 354 [5-Min.Per]. Mittelwert = 849.46 [5-Min.Per] = 70.79 [h].

102

A3: Identifizierung nach dem Pausendauer-Quotienten-Kriterium

Statistik der Ereignisse nach dem Zusammenfassen, falls Pausendauer $\leq P_{gr}$ und Quotient $\leq Q_{gr}$.

Häufigkeitsverteilung der Zahl der Ereignisse pro Tag für die Kölner Daten:

Nr.	Stationsname	Zahl Ereign.	Varianz $[d^{-2}]$	Zahl der Ereignisse/Tag											
				0	1	2	3	4	5	6	7	8	9	10	>10
1	Vondel Str.	116	3.06	81	14	8	6	5	4	2		2			
2	Stadthaus	127	3.06	77	16	6	8	5	7	2		1			
3	Venloer Str.	139	3.16	73	14	11	9	6	4	3	2				
4	Berg.-Glad.-Str.	131	3.03	75	14	12	5	8	4	3		1			
6	Rodenkirchen	126	2.92	79	11	7	11	6	6	1		1			
7	Gleueler Str.	149	4.65	76	13	11	6	4	4	3	2	1		2	
8	Rich.-Wagner-Str.	124	3.04	77	13	13	6	7	1	3	1		1		
9	Neusser Str.	123	2.62	70	21	15	6	3	3	1	3				
10	Ensener Weg	139	3.74	78	12	7	9	6	3	3	3	1			
12	Hochkirchen	83	1.84	82	21	10	3	2	1	1	2				
13	Langel	75	1.41	84	20	8	6		3	1					
14	Stammheim	88	2.35	84	19	8	3	3	2	2					1
15	Longerich	85	1.85	83	17	12	4	2	2	1		1			
16	Weiler	102	2.60	86	9	9	8	5	2	2			1		
17	Wahn	82	1.51	82	19	10	5	3	2	1					
18	Rath-Heumar	114	2.67	81	11	11	7	5	3	3	1				
19	Ostfriedhof	113	2.70	81	12	10	7	6	2	2	2				
20	Dünnwald	102	2.58	81	9	4	3	3	2	1	1				
	Empirische HV (Summe)	2018	48.79	1430	274	177	113	79	56	36	17	9	2	2	1
	Geometr. HV	annehmen		1144	548	262	126	60	29	14	7	3	2	1	
	Poisson HV	ablehnen		876	805	370	113	26	5	1					

Tab. A3.1: Kölner Daten. Ereignisse definiert durch $P_{gr} = 2$ [5-Min.Per] und $Q_{gr} = 3$. Es bleiben 2018 Ereignisse an 2196 Tagen $\rightarrow$ Mittelwert = 0.919 $[d^{-1}]$ und die mittlere Varianz = 1.646 $[d^{-2}]$.

A4. Autokorrelationsbetrachtungen

Parameter, Dekorrelationszeiten und Anzahl unabhängiger Ereignisse:

Nr.	Stationsname	N (original) Zahl Zellen	β	Davis-Variante τ	Zahl Ereignisse	Markov-Variante τ	Zahl Ereignisse
1	Ramersdorf	247	.560	3.056	80.8	1.903	129.8
2	Bauhof Bonn	166	.494	1.911	86.9	1.635	101.5
4	Mehlem	123	.492	3.235	38	1.629	75.5
6	Heiderhof	289	.660	2.573	112.3	2.529	114.3
7	Heizkraftwerk	86	.648	3.156	27.2	2.432	35.4
10	Beuel	133	.299	1.270	104.7	1.194	111.4
11	Niederholtorf	151	.488	2.025	74.6	1.617	93.4
12	Plittersdorf	205	.612	2.984	68.7	2.191	93.6
13	Poppelsdorf	136	.399	1.693	80.3	1.369	99.3
14	Röttgen	169	.703	2.306	73.3	2.939	57.5
15	Venner Str.	156	.556	2.284	68.3	1.888	82.6
16	Venusberg	248	.554	1.963	126.3	1.879	132.0
17	Vilich	119	.442	1.809	65.8	1.482	80.3
18	Vilich Mühldorf	192	.560	2.935	65.4	1.903	100.9
19	Villiprott	111	.311	1.234	90.0	1.213	91.5
20	Witterschlick	260	.481	2.427	107.1	1.595	163.0
	Empirische HV (Summe)	2791		36.861	1269.7	29.398	1562

Tab. A4.1: Bonner Daten. Übersicht der Zahl der Zellen und der nach Autokorrelationsbetrachtungen unabhängigen Ereignisse, berechnet mit der Davis- und Markov-Variante. Der für die Markov-Variante benötigte Regenerationsparameter β wird zellübergreifend berechnet.

Nr.	Stationsname	N (original) Zahl Zellen	β	Davis-Variante τ	Zahl Ereignisse	Markov-Variante τ	Zahl Ereignisse
1	Vondel Str.	316	.445	2.007	157.4	1.493	211.7
2	Stadthaus	289	.658	2.573	112.3	2.526	114.4
3	Venloer Str.	305	.669	2.79	109.3	2.617	116.5
4	Berg.-Glad.-Str.	330	.717	2.545	129.7	3.118	105.8
6	Rodenkirchen	297	.484	1.469	202.2	1.612	184.2
7	Gleueler Str.	324	.618	2.429	133.4	2.233	145.1
8	Rich.-Wagner-Str	287	.623	2.649	108.3	2.27	126.4
9	Neusser Str.	274	.490	1.942	141.1	1.632	167.9
10	Ensener Weg	301	.656	2.471	121.8	2.513	119.8
12	Hochkirchen	310	.646	3.054	101.5	2.432	127.5
13	Langel	313	.707	3.105	100.8	2.997	104.4
14	Stammheim	331	.797	4.061	81.5	4.475	74.0
15	Longerich	301	.730	3.912	76.9	3.283	91.7
16	Weiler	327	.619	2.402	136.1	2.243	145.8
17	Wahn	316	.489	2.319	136.3	1.627	194.2
18	Rath-Heumar	351	.697	2.32	151.3	2.894	121.3
19	Ostfriedhof	401	.686	2.394	167.5	2.773	144.6
20	Dünnwald	374	.714	2.572	145.4	3.083	121.3
	Empirische HV (Summe)	5747		47.014	2312.8	45.821	2416.6

Tab. A4.2: Kölner Daten. Übersicht der Zahl der Zellen und der nach Autokorrelationsbetrachtungen unabhängigen Ereignisse, berechnet mit der Davis- und Markov-Variante. Der für die Markov- Variante benötigte Regenerationsparameter β wird zellübergreifend berechnet.

A5. Empirische Verteilungen der Modellgrößen (Tagessummen)

Häufigkeitsverteilung der Menge der Zellen:

Nr.	Stationsname	Menge mm	Varianz [mm²]	Niederschlagsmenge der Zellen in mm										
				≤ 5	10	15	20	25	30	35	40	45	50	>50
1	Ramersdorf	289.7	433.88	8	2	1	2	2	-	-	-	-	1	2
2	Bauhof Bonn	191.5	212.8	6	1	1	2	1	1	-	-	1	1	-
4	Mehlem	100.6	48.77	4	4	2	1	1	-	-	-	-	-	-
6	Heiderhof	211.1	137.75	12	1	4	-	3	1	-	-	1	-	-
7	Heizkraftwerk	125.9	220.76	13	1	1	-	-	-	-	-	1	-	1
10	Beuel	142.7	423.8	3	-	-	-	1	-	-	-	1	1
11	Niederholtorf	124.8	274.56	4	-	-	1	2	-	-	-	-	-	1
12	Plittersdorf	165.2	638	6	-	-	-	-	-	-	1	-	-	2
13	Poppelsdorf	126.7	416.4	7	-	1	-	-	-	-	-	-	-	2
14	Röttgen	202.0	296.53	10	1	2	-	1	1	-	-	-	1	1
15	Venner Str.	121.4	772.62	1	-	-	-	-	-	-	-	-	-	2
16	Venusberg	230.9	281.27	9	3	-	2	-	1	1	-	1	-	1
17	Vilich	151.7	216.36	3	-	1	2	1	-	1	1	-	-
18	Vilich Mühldorf	187.0	627.97	5	-	1	-	-	-	-	-	1	-	2
19	Villiprott	107.0	105.75	6	2	1	-	2	-	1	-	-	-	-
20	Witterschlick	232.2	615.93	6	1	2	1	-	-	-	-	1	-	2
	Empirische HV (Summe)	2710.2	5723.15	103	16	17	11	14	4	2	2	7	4	17
	Exponential HV	annehmen		60	42	29	20	14	10	7	5	3	2	5

Tab. A5.1: Bonner Daten. Niederschlagsmenge = 2710.2 mm in 197 Ereignissen. → Mittelwert = 13.757 mm pro Ereignis.

Nr.	Stationsname	Menge mm	Varianz [mm²]	Niederschlagsmenge der Zellen in mm										
				≤ 5	10	15	20	25	30	35	40	45	50	>50
1	Vondel Str.	235.44	271.44	7	4	3	2	-	-	-	-	-	-	2
2	Stadthaus	211.02	209.7	10	4	2	1	1	-	-	-	1	-	1
3	Venloer Str.	231.79	176.09	9	5	4	1	-	-	1	1	-	-	1
4	Berg.-Glad.-Str.	243.54	243.52	7	4	1	3	-	1	-	-	-	-	2
6	Rodenkirchen	206.33	191.8	8	3	4	1	-	-	-	-	-	2	-
7	Gleueler Str.	235.48	204.46	7	7	2	1	-	-	-	1	1	-	1
8	Rich.-Wagner-Str.	169.02	154.24	6	3	5	-	-	1	-	-	-	1	-
9	Neusser Str.	189.95	144.18	11	6	2	-	1	-	-	1	-	1	-
10	Ensener Weg	222.78	217.13	7	4	3	1	-	2	-	-	-	-	1
12	Hochkirchen	193.0	193.4	8	6	2	-	-	-	-	-	-	2	-
13	Langel	183.58	151.39	6	7	2	-	-	-	1	-	-	1	-
14	Stammheim	179.1	187.86	9	4	2	1	-	-	-	-	1	-	1
15	Longerich	209.82	210.47	5	6	2	-	1	-	-	-	1	-	1
16	Weiler	215.08	331.54	6	6	4	-	-	1	-	-	-	-	1
17	Wahn	235.2	260.89	5	5	2	2	-	1	-	-	1	-	1
18	Rath-Heumar	162.95	116.26	8	3	3	2	-	-	-	-	-	1	-
19	Ostfriedhof	189.1	152.49	8	5	2	1	-	-	-	1	-	1	-
20	Dünnwald	204.4	234.65	7	4	2	1	-	1	-	-	-	1	1
	Empirische HV (Summe)	3717.58	3651.51	134	86	47	17	3	7	2	6	3	10	13
	Exponential HV	annehmen		118	80	46	26	15	9	5	3	2	1	1

Tab. A5.2: Kölner Daten. Niederschlagsmenge = 3717.58 mm in 328 Ereignissen. → Mittelwert = 11.2 mm pro Ereignis.

Häufigkeitsverteilung der Dauer der Zellen:

Nr.	Stationsname	Dauer [Tagen]	Varianz [Tage²]	Dauer der Ereignisse in Tagen								
				≤ 2	4	6	8	10	12	14	16	>16
1	Ramersdorf	98	23.02	8	2	2	2	1	1	1	-	1
2	Bauhof Bonn	74	17.63	6	2	1	2	1	1	-	1	-
4	Mehlem	47	23.24	7	2	2	-	-	-	-	-	1
6	Heiderhof	101	10.33	7	6	4	1	3	1	-	-	-
7	Heizkraftwerk	38	4.78	13	2	1	-	1	-	-	-	-
10	Beuel	50	34.56	-	1	2	2	-	-	-	-	1
11	Niederholtorf	54	15.19	1	1	2	2	-	1	1	-	-
12	Plittersdorf	78	100.0	4	2	-	-	-	-	-	-	3
13	Poppelsdorf	52	12.36	3	3	2	-	-	2	-	-	-
14	Röttgen	67	10.88	8	5	-	1	2	1	-	-	-
15	Venner Str.	54	60.67	-	-	-	1	-	-	-	-	2
16	Venusberg	100	13.91	5	3	2	4	1	2	1	-	-
17	Vilich	51	7.11	1	2	2	3	1	-	-	-	-
18	Vilich Mühldorf	81	31.56	1	1	3	-	-	1	-	2	1
19	Villiprott	45	8.85	5	4	1	-	2	-	-	-	-
20	Witterschlick	109	56.39	4	2	1	1	1	1	-	-	3
Empirische HV (Summe)		1099	430.59	73	38	25	19	13	11	3	3	12
Exponential HV		annehmen		59	42	29	20	14	10	7	5	11

Tab. A5.3: Bonner Daten. Gesamtdauer der 197 Ereignisse ist 1099 [Tage]. → Mittelwert = 5.579 [Tage].

Nr.	Stationsname	Dauer [Tage]	Varianz [Tage²]	Dauer der Ereignisse in [Tagen]							
				≤ 1	2	3	4	5	6	7	>7
1	Vondel Str.	41	2.53	7	6	2	1	1	-	1	-
2	Stadthaus	45	2.69	8	7	2	1	-	1	1	-
3	Venloer Str.	49	2.36	9	7	2	2	1	-	1	-
4	Berg.-Glad.-Str	47	2.9	5	7	1	3	-	1	1	-
6	Rodenkirchen	44	3.47	7	6	1	2	-	-	2	-
7	Gleueler Str.	47	2.73	7	8	1	2	-	1	1	-
8	Rich.-Wagner-Str.	46	6.86	7	3	2	1	1	-	-	2
9	Neusser Str.	52	3.96	9	8	1	2	-	-	-	2
10	Ensener W.	44	2.8	7	5	1	3	1	-	1	-
12	Hochkirchen	41	3.2	9	4	1	2	-	1	1	-
13	Langel	38	2.44	6	7	1	1	-	2	-	-
14	Stammheim	38	2.21	9	4	2	1	1	1	-	-
15	Longerich	39	3.0	5	7	1	1	-	1	1	-
16	Weiler	37	2.16	9	5	1	1	1	1	-	-
17	Wahn	40	2.82	7	5	1	2	1	-	1	-
18	Rath-Heumar	42	2.84	6	6	1	1	1	2	-	-
19	Ostfriedhof	42	3.11	8	5	1	2	-	1	1	-
20	Dünnwald	41	3.77	9	3	-	2	1	1	1	-
Empirische HV (Summe)		773	55.85	134	103	22	30	9	13	13	4
Exponential HV		annehmen		113	74	48	32	21	14	9	17

Tab. A5.4: Kölner Daten. Gesamtdauer der 328 Ereignisse ist 773 [Tage]. → Mittelwert = 2.36 [Tage].

A6. Empirische Verteilungen der Modellgrößen (5-Minutensummen)

Häufigkeitsverteilung der Menge der Zellen:

Nr.	Stationsname	Menge mm	Varianz [mm²]	≤ 1	2	3	4	5	6	7	8	9	10	11	>11
				\multicolumn{12}{l}{Niederschlagsmenge der Zellen in mm}
1	Ramersdorf	289.7	10.35	197	21	11	1	1	5	2	1		2	1	5
2	Bauhof Bonn	191.5	7.07	132	11	8		1	3	1	2	2	2		4
4	Mehlem	100.6	1.93	97	7	9	7	1		1		1			
6	Heiderhof	211.1	4.42	247	17	4	9	4	2	1	2				3
7	Heizkraftwerk	125.9	19.5	67	7	4	1		1	1		1	1	1	2
10	Beuel	142.7	6.30	105	14	5	1		1			3	1		3
11	Niederholtorf	124.8	3.87	124	13	7		1	2			1			3
12	Plittersdorf	165.3	2.74	169	13	7	6	1	2	4	2				1
13	Poppelsdorf	126.7	7.90	119	6	2	1		1			1	1	1	4
14	Röttgen	202.0	14.31	137	9	7	5	2	2	1	1	1			4
15	Venner Str.	121.4	2,85	127	12	6	4	1	3	1	1				1
16	Venusberg	230.9	6.46	207	11	8	11	1	3	2					5
17	Vilich	151.7	13.52	98	6	2	3	1	2	1	1	2			3
18	Vilich Mühldorf	187.0	3.94	145	21	9	4	4	1	3	2				3
19	Villiprott	107.0	3.14	86	9	6	1	3	1	3	1		1		
20	Witterschlick	232.2	4.34	214	14	6	11	4	3	3		1			4
\multicolumn{2}{l}{Empirische HV (Summe)}	2710.2	112.64	2271	191	101	65	25	32	24	13	10	9	5	45
\multicolumn{2}{l}{Exponential HV}	ablehnen		1794	641	229	82	29	10	4	1	1			
\multicolumn{2}{l}{Pareto- Verteilung}	annehmen		2124	508	90	31	14	8	4	3	2	1	1	5

Tab. A6.1: Bonner Daten. Niederschlagsmenge = 2710.2 mm in 2791 Zellen. → Mittelwert = 0.971mm pro Zelle und mittlere Varianz = 2.653 mm².

Nr.	Stationsname	Menge mm	Varianz [mm²]	≤ 1	2	3	4	5	6	7	8	9	10	11	>11
				\multicolumn{12}{l}{Niederschlagsmenge der Zellen in mm}
1	Vondel Str.	235.44	3.22	266	23	12	2	5		1		2	3		2
2	Stadthaus	211.02	7.40	256	18	5	3	1	1	1	1				3
3	Venloer Str.	231.79	7.39	269	21	3		4	2	1	1		1		3
4	Berg.-Glad.-Str.	243.54	6.27	280	29	9	4	3	1		1				2
6	Rodenkirchen	206.33	3.65	257	22	6	3	3	2		1			1	2
7	Gleueler Str.	235.48	8.34	296	11	4	3	3		1	1			2	3
8	Rich.-Wagner-Str.	169.02	3.38	259	14	1	6	2	2	1	1				1
9	Neusser Str.	189.95	4.23	234	24	8	3	1			1		1		2
10	Ensener Weg	222.78	8.46	253	32	8	2	2		1		1			2
12	Hochkirchen	193.0	6.14	273	20	7	1	4	1	1	2				1
13	Langel	183.58	4.75	279	17	7	4	3		1		1			1
14	Stammheim	179.1	3.76	299	17	5	5	1	1					1	2
15	Longerich	209.82	7.78	267	11	10	6	2		1			1		3
16	Weiler	215.08	5.87	293	17	8	1	2	2						4
17	Wahn	235.2	14.10	283	18	5	1	2	3	1			1		2
18	Rath-Heumar	162.95	3.07	325	13	8	1	1	1		1				1
19	Ostfriedhof	189.1	3.82	361	24	10	2	1		1	1				1
20	Dünnwald	204.4	5.45	343	14	7	4	2		1					3
\multicolumn{2}{l}{Empirische HV (Summe)}	3717.58	107.08	5093	345	123	51	42	16	12	11	4	8	4	38
\multicolumn{2}{l}{Exponential HV}	ablehnen		4522	964	206	44	9	2						
\multicolumn{2}{l}{Pareto- Verteilung}	annehmen		5145	455	83	28	13	7	5	2	2	2	1	4

Tab. A6.2: Kölner Daten. Niederschlagsmenge = 3717.58 mm in 5747 Zellen. → Mittelwert = 0.647mm pro Zelle und die mittlere Varianz = 2.439 mm².

Häufigkeitsverteilung der Dauer der Zellen:

Nr.	Stationsname	Dauer [5-Min.Per]	Varianz [5-Min.Per²]	Dauer der Zellen in Stunden											
				≤ 1	2	3	4	5	6	7	8	9	10	11	>1
1	Ramersdorf	4614	711.11	159	29	18	13	6	8	7	2	1	1	2	1
2	Bauhof Bonn	4219	1020.5	82	31	19	5	7	5	6	4	2	1	2	2
4	Mehlem	2454	948.1	85	12	4	5	4	1	4	2	3	2	1	
6	Heiderhof	6835	916.7	152	46	33	20	10	9	5	2	4	5	1	3
7	Heizkraftwerk	2082	776.0	44	16	6	3	6	4	3	4				
10	Beuel	5128	2227.2	59	16	7	13	8	7	4	4	3	2	4	6
11	Niederholtorf	4764	1735.5	73	21	11	12	12	5	6	3	1	1		6
12	Plittersdorf	6837	1450.2	80	37	25	17	14	8	6	4	3	1	1	9
13	Poppelsdorf	3607	967.3	61	31	13	7	10	6	1	4	1		1	1
14	Röttgen	2848	631.9	118	12	14	9	4	2	5	3		1	1	
15	Venner Str.	5480	1784.3	66	22	21	8	15	7	1	4	1	1	2	8
16	Venusberg	5438	687.5	131	45	22	17	15	4	6	2	1	2	2	1
17	Vilich	2693	528.0	56	29	10	11	4	4	2	2		1		
18	Vilich Mühldorf	7077	1662.4	75	35	1	17	10	12	8	7	4	4	1	7
19	Villiprott	2373	901.0	68	12	10	6	3	2	6	1		1	1	1
20	Witterschlick	6581	898.6	131	40	24	24	25	16	7	6	2	3	1	3
Empirische HV (Summe)		73 030	17848.4	1440	434	249	188	144	91	76	50	25	26	20	48
Exponential HV zum MW=16.8 [5-Min.Per]		annehmen		1425	697	341	167	82	40	20	10	5	2	1	1

Tab. A6.3: Bonner Daten. Gesamtdauer der 2791 Zellen ist 73 030 [5-Min.Per]. → Mittelwert = 26.17 [5-Min.Per] und mittlere Varianz = 33.4 [5-Min.Per.²].

Nr.	Stationsname	Dauer [5-Min.Per]	Varianz [5-Min.Per²]	Dauer der Zellen in [5-Min.Per]											
				≤ 1	2	3	4	5	6	7	8	9	10	11	>1
1	Vondel Str.	832	11.33	173	54	29	17	10	6	8	1	5	2	1	9
2	Stadthaus	680	5.13	148	57	31	17	12	5	8	5	1		2	2
3	Venloer Str.	602	4.28	201	39	30	11	6	6		1	3	1	3	3
4	Berg.-Glad.-Str.	750	4.39	175	62	35	19	15	12	3	2	2	3	1	1
6	Rodenkirchen	676	6.44	164	61	29	13	9	6	6	3		1		6
7	Gleueler Str.	673	5.97	196	65	23	11	5	4	5	3	1	1	1	6
8	Rich.-Wagner-Str.	582	4.86	173	50	31	11	4	5	1		1	2	1	5
9	Neusser Str.	570	4.81	173	38	23	14	8	3	4	2	2	2	1	3
10	Ensener Weg	617	4.31	185	45	26	17	9	9	1	1	2	1		3
12	Hochkirchen	712	7.27	186	48	19	17	12	8	3	2	4	3	1	4
13	Langel	710	6.51	177	59	21	16	14	11		1	6		1	4
14	Stammheim	703	6.01	207	61	19	12	9	7	3	5	3	2	1	3
15	Longerich	678	7.83	184	52	20	13	9	6	2	4	4	1		6
16	Weiler	651	3.57	207	49	20	21	10	10		4		1	1	2
17	Wahn	657	6.2	207	52	13	15	7	14		2	3	2		3
18	Rath-Heumar	674	4.07	233	48	28	9	8	9	4	1	2	2	2	2
19	Ostfriedhof	810	5.78	265	60	31	9	13	4	3	3	2	2	1	7
20	Dünnwald	760	6.34	243	56	23	14	12	3	4	3	1	2	1	6
Empirische HV (Summe)		12 337	105.1	3567	981	461	263	177	129	56	44	43	28	18	75
Exponential HV zum MW=1.03 [5-Min.Per]		annehmen		3570	1352	512	194	73	28	11	4	2	1		

Tab. A6.4: Kölner Daten. Gesamtdauer der 5747 Zellen ist 12 337 [5-Min.Per]. → Mittelwert = 2.147 [5-Min.Per] und mittlere Varianz = 2.416 [5-Min.Per.].

108

Häufigkeitsverteilung der Zahl der Zellen pro Ereignis:

Nr.	Stationsname	Varianz	Zahl der Zellen pro Ereignis											
			≤ 1	2	3	4	5	6	7	8	9	10	11	>11
1	Vondel Str.	9.16	60	17	16	7	3	2	1	2	1	2		5
2	Stadthaus	6.04	74	22	10	6	4	3	3	1	1		1	2
3	Venloer Str.	6.45	88	21	9	4	4	5	3	1		1	1	2
4	Berg.-Glad.-Str.	6.9	72	19	17	4	5	3	1	1	3	1	2	3
6	Rodenkirchen	6.38	68	27	10	5	5	3	1	1	4			2
7	Gleueler Str.	6.06	87	28	16	7	2	1		2	2		1	3
8	Rich.-Wagner-Str.	7.78	73	19	13	3	8	3		1	1			3
9	Neusser Str.	4.85	70	23	10	7	3	1	3	3		1		2
10	Ensener Weg	3.41	71	31	18	4	4	8	1				1	1
12	Hochkirchen	16.49	31	19	6	4	9	2	1		2		2	7
13	Langel	31.98	37	9	9	3	1	3		1	1	3		8
14	Stammheim	21.82	39	17	8	2	5	2	3		3	1	1	7
15	Longerich	18.8	35	17	10	6	4	1	2	3			1	6
16	Weiler	21.17	59	13	8	6	1	1	1	2	2		3	6
17	Wahn	23.61	34	13	11	7	3	2	1	1	2		1	7
18	Rath-Heumar	17.88	56	21	9	9	8	1	1	1		1		7
19	Ostfriedhof	19.96	47	24	13	6	5	1	3		3	2	2	7
20	Dünnwald	20.58	49	14	10	7	5		3	2		2		10
Empirische HV (Summe)		241.54	1050	354	203	97	79	42	28	22	25	14	16	88
Geometr. HV		annehmen	913	287	213	157	116	86	64	47	35	26	19	55
Poisson HV		ablehnen	450	474	450	321	183	87	35	13	4	1		

Tab. A6.5: Kölner Daten. 5747 Zellen in 2018 Ereignissen (definiert durch $P_{gr} = 2$ [5-Min.Per] und $Q_{gr} = 3$).
→ Mittelwert = 2.848 Zellen pro Ereignis und einer mittleren Varianz von 3.663.

Häufigkeitsverteilung der Abstände der Zellen vom Ereignisbeginn:

Nr.	Stationsname	Abstände [5-Min.Per]	Varianz 5-Min.Per²	Abstände der Zellen vom Ereignisbeginn in Stunden									
				≤ 1.5	3	4.5	6	7.5	9	10.5	12	13.5	15
1	Vondel Str.	4817	499.89	223	40	13	23	9	4	2	1		1
2	Stadthaus	3406	310.25	213	35	19	13	7	2				
3	Venloer Str.	2990	227.40	233	39	20	8	4	1				
4	Berg.-Glad.-Str.	3940	283.24	245	40	26	12	4	2	1			
6	Rodenkirchen	3767	436.28	222	35	15	13	3	4	3	1	1	
7	Gleueler Str.	3196	244.34	253	35	17	14	4	1				
8	Rich.-Wagner-Str.	3425	354.46	211	40	14	10	7	4	1			
9	Neusser Str.	2540	197.0	213	39	12	7	2	1				
10	Ensener Weg	2488	162.49	246	32	14	8		1				
12	Hochkirchen	5743	430.65	182	48	39	21	19	1				
13	Langel	8056	824.29	153	55	38	25	14	13	10	5		
14	Stammheim	6755	592.12	193	45	38	25	19	8	1	2		
15	Longerich	5746	656.88	186	49	23	15	14	7	3	1	2	1
16	Weiler	6719	777.57	200	43	32	23	13	4	4	4	2	2
17	Wahn	6569	569.02	184	44	31	28	19	8	1	1		
18	Rath-Heumar	6182	698.0	237	39	27	23	10	3	4	4	3	1
19	Ostfriedhof	7392	553.24	245	63	45	20	13	6	5	4		
20	Dünnwald	7195	493.25	220	56	39	34	18	5	2			
Empirische HV (Summe)		90 926	5 747	3859	777	462	322	179	75	37	23	8	5
Exponential HV		annehmen		3520	1364	528	205	79	31	12	5	2	1

Tab. A6.6: Kölner Daten. Gesamtsumme der Abstände der 5747 Zellen bezüglich des jeweiligen Ereignisbeginns ist 90 926 [5-Min.Per]. → Mittelwert = 15.821 [5-Min.Per] und die mittlere Varianz = 2.248 [5-Min.Per.²].

A7. Untersuchung des Wochentrends

Alle Tage zusammen:		Nach den Wochentagen aufgeteilt:						
		Mo.	Di.	Mi.	Do.	Fr.	Sa.	So.
Zahl der Beobachtungstage:	1342	189	189	200	198	196	185	185
Zahl der Regentage[9]	1111	157	156	157	170	156	165	150
Zahl der Ereignisse (alle Daten)	2791	362	255	340	395	620	350	469
Zahl der Ereignisse an Gewittertagen	357	69	-	44	128	-	-	116
Menge (in mm) (alle Daten)	2710.43	373.41	55.79	486.17	468.3	409.92	365.46	551.38
Menge (in mm) an Gewittertagen	1169.53	209.11	-	264.01	360.25	-	-	336.18
Dauer in [5-Min-Per.] (alle Daten)	73031	10014	9828	10855	9930	10332	9890	12182
Dauer in [5-Min-Per.] an Gewittertagen	5754	1072	-	893	1106	-	-	2683

Tab.7.1: Bonner Daten. Verteilung der Zahl der Tage mit Niederschlag, der Zahl der Ereignisse, deren Dauer und der dabei gefallenen Niederschlagsmenge auf die Wochentage.

Alle Tage zusammen:		Nach den Wochentagen aufgeteilt:						
		Mo.	Di.	Mi.	Do.	Fr.	Sa.	So.
Zahl der Beobachtungstage:	2196	306	306	306	324	306	324	324
Zahl der Regentage	774	98	79	62	84	110	167	174
Zahl der Zellen (alle Daten)	5747	389	503	394	875	914	1406	1266
Zahl der Zellen an Gewittertagen	1886	-	322	-	156	-	837	571
Menge (in mm) (alle Daten)	3718.58	255.53	676.79	221.97	1046.41	367.44	577.02	573.42
Menge (in mm) an Gewittertagen	*2130.17*	-	*599.98*	-	*829.18*	-	*357.1*	*343.92*
Dauer in [5-Min-Per.] (alle Daten)	12337	791	1442	939	1939	1891	2867	2468
Dauer in [5-Min-Per.] an Gewittertagen	*4892*	-	*1158*	-	*643*	-	*1839*	*1239*

a: Überprüfung der Häufigkeit der Zahl der **Zellen**, der Niederschlagsmenge der Zellen und deren Dauer: Vergleich mit der Zahl der Regentage.

Zahl der Ereignisse (alle Daten)	2018	225	184	103	257	293	478	478
Menge (in mm) (alle Daten)	3717.61	262,22	700.2	189.76	1099.3	313.77	582.4	569.96
Dauer in [5-Min-Per.] (alle Daten)	23341	1367	2612	1462	4549	3123	5579	4649

b: Überprüfung der Häufigkeit der Zahl der **Ereignisse**, der Niederschlagsmenge der Ereignisse und deren Dauer: Vergleich mit der Zahl der Regentage.

Tab. 7.2: Kölner Daten. Betrachtung der Zellen und Ereignisse. Verteilung der Zahl der Tage mit Niederschlag, der Zahl der Ereignisse, deren Dauer und der dabei gefallenen Niederschlagsmenge auf die Wochentage.

Um die tatsächliche Verteilung des Niederschlags auf die Wochentage zu berücksichtigen, wird bei den folgenden Tests die Anpassung an die HV der Regentage überprüft. Der Stichprobenumfang n beträgt für Bonn somit nur 1111 Tage. Dies ergibt eine Kolmogoroff-Smirnow-Prüfgröße von 0.196. Für Köln beträgt die Prüfgröße 0.249, bei einem Stichprobenumfang von 774.

---

[9] Als Regentag wird hier jeder Tag mit einer von Null verschiedenen Niederschlagshöhe gezählt, unabhängig von deren Betrag. Die Zuordnung der Niederschläge erfolgt nach dem Datum von 0 Uhr bis 0 Uhr.

A8. Anfänglicher Verlauf des Ereignisses vom 27.07.1995 in Köln

Uhr-zeit	Niederschlagsereignis vom 27.07.1995 in Köln	
	Radarbildern	**Bodenmeßdaten**
2h 45	Von Süden her erscheinen im Stadtgebiet erste Pixel mit 16-24 dBZ.	Kein Niederschlag
2h 50	Über der ganzen südlichen Hälfte des Stadtgebiets ist die Reflektivität 16-24 dBZ. Einzelne Pixel haben 24-32 dBZ.	Kein Niederschlag
2h 55	Die Reflektivität steigt an. Im Süden erreichen Pixel 32-40 dBZ.	Kein Niederschlag
3h 00	Fast über dem gesamten Stadtgebiet liegt nun die Reflektivität bei 32-40 dBZ.	Kein Niederschlag
3h 05	Die Reflektivität von 32-40 dBZ herrscht weiter vor.	Kein Niederschlag
3h 10	Die Reflektivität schwächt sich langsam ab. Die Zahl der Pixel mit 32-40 dBZ nimmt ab.	Kein Niederschlag
3h 15	Die Zahl der Pixel mit 32-40 dBZ nimmt weiter ab. Die Pixel mit 24-32 dBZ herrschen vor.	Kein Niederschlag
3h 20	Die 32-40dBz kommen nur noch vereinzelt vor. Die 24-32 dBZ-Pixel verlagern sich nach Norden. Von Süden her nehmen die 16-24 dBZ- Pixel zu.	Kein Niederschlag
3h 25	Das Stadtgebiet zeigt eine Reflektivität von haupt-sächlich 16-24 dBZ. Im Westen finden sich noch vereinzelte Pixel mit 24-32 bzw. 32-40 dBZ.	Beginn rechtsrheinisch, in der südöstlichsten Station des Stadtgebiets.
3h 30	Gleiches Bild wie 2 h 25.	Von Süden her auch Vorstoß auf der linken Rheinseite. Das Rheintal ist noch nicht betroffen.
3h 35	Von Süden her wieder Verstärkung der Reflektivität vor allem durch 24-32 dBZ-Pixel und einzelnen 32-40 dBZ-Pixeln.	Nun fällt auch im Rheintal und im Innenstadtbereich Nie-derschlag. Der Niederschlag wird stärker und erreicht rechtsrheinisch die Stärke einer Hagelzelle.
3h 40	Die 24-32 dBZ-Pixel bedecken fast das gesamte Stadtgebiet.	Auch linksrheinisch verstärkt sich der Niederschlag auf die Stärke einer Hagezelle
3h 45	Die 24-32 dBZ-Pixel bedecken fast das gesamte Stadtgebiet	Im Bereich der Innenstadt fallen zwei Stationen (Nr.1 und 6) auf, die keinen Niederschlag aufweisen, obwohl alle anderen Stationen ringsum welchen registrieren
3h 50	Die 24-32 dBZ-Pixel wandern nach Norden. Von Süden her Abschwächung, vor allem mit 16-24 dBZ-Pixeln.	Fast das ganze Stadtgebiet ist vom Niederschlag betroffen. Die Maxima verschieben sich nach Norden. Im Süden läßt der Regen nach. Station Nr.6 bleibt „trocken".
3h 55	Der Niederschlag läßt nach: die16-24 dBZ-Pixel herrschen vor. Pixel mit größeren Reflektivitäten finden sich nur vereinzelt	Im Norden wie auch im Süden verstärkt sich die Nieder-schlagsmenge wieder. Diesmal weist im Innenstadtbereich die Station Nr. 1 eine Regenlücke auf.
4h 00	Gleiches Bild wie 3h 55.	Rechtsrheinisch beginnt der Niederschlag sich abzuschwä-chen. Der westliche Teil Kölns bleibt zeitweise trocken. Die Stationen Nr.1 und 6 zeigen keinen Niederschlag!
4h 05	Gleiches Bild wie 3h 55.	Von Süden her verstärkt sich der Niederschlag wieder, vor allem im Innenstadtbereich
4h 10	Die Pixel kommen immer vereinzelter vor, mit Re-flektivitäten von 10-16 dBZ,16-24 dBZ und maximal 24-32 dBZ.	Fast überall läßt der Regen nach. Keine Station erreicht mehr die Niederschlagsmenge einer Hagelzelle. Im Innen-stadtbereich gibt es eine Regenlücke (Station Nr.1).
4h 15	Weiteres Nachlassen des Niederschlags.	Fast überall regnet es, mit Ausnahme des Innenstadtbereichs (Stationen Nr.1 und 6). Im Nordwesten verstärkt sich die Niederschlagsmenge wieder zu der einer Hagelzelle. Sonst schwächt sich der Regen ab
4h 20	Gleiches Bild wie 4h 15.	Obwohl es fast überall regnet, ist es im südlichen Stadtge-biet und in Rheinnähe wieder trocken Die Hagelzelle „wan-dert" nach Norden.

Beginn des Niederschlagsereignisses vom 27.07.1995 in Köln auf den Radarbildern und aus den Beobachtungen des Bo-denmeßnetzes (Zeitangaben in MESZ).

Anhang B Statistische Verfahren und Tests

B.1 Theorie des Kalman-Filters

In der vorliegenden Arbeit wird das Kalman-Filter auf die 5-Minutensummen von Köln angewandt. Das verwendete Kalman-Filters basiert auf einem linearen Modell:

1. der Beobachtungsgleichung $\qquad Y_k = c X_k + S_k$, $\hfill$ (B.1)

2. und der Systemgleichung, unter Verwendung einer Markov-Kette 1. Ordnung:

$$X_k = a_k X_{k-1} + T_k \qquad (B.2)$$

Dabei gibt der Index k den diskreten Zeitschritt an, Y_k ist der Meßwert und X_k der entsprechende Systemwert. S_k stellt den Meßfehler dar und T_k ist das nichtdeterministische Rauschen. Die systematische Dämpfung durch das Meßgerät wird durch c angegeben. Der Parameter a_k hat die Bedeutung des Regenerationsparameters des autoregressiven Prozesses erster Ordnung und gibt den deterministischen Teil des Modells an: $a_k^2 * 100\,\%$ der Varianz können durch dieses Modell erklärt werden. Für die betrachten Datenreihen mit einer Länge von 4 Monaten wird a_k als konstant angenommen $a_k = a$.

Bekannt sind nur die Y_k-Werte und die Dämpfung c. Aus langjährigen Vergleichsmessungen von Lysimetern und Hellmann-Schreibern in Rheindahlen ergibt sich dafür ein Wert von 0.9 (Schumacher,1995, persönliche Mitteilung).

Da bei diesen Untersuchungen der zugrunde liegende Prozeß analysiert werden soll, werden die Berechnungen ausschließlich für Zeiträume mit Niederschlag gemacht. Die Nullwerte werden vernachlässigt, da sie durch ein anderes statistisches Modell, mit größerer Persistenz erfaßt werden müssen. Der größte Teil der betrachteten Zeitreihen besteht aus Nullwerten: 80 bis 90% der Stundensummen der Wintermonate und über 90% der 5-Minutensummen der Sommermonate.

Die Datenreihen werden von ihrem Mittelwert befreit und nur mit den Abweichungen $X`_k$ und $Y`_k$ weiter gerechnet. Der zeitliche Mittelwert wird dabei abgekürzt mit <> bezeichnet. Im linearen Modell können die Abweichungen $X`_k$ und $Y`_k$ und die Mittelwerte separat behandelt werden. Die vollständige Lösung besteht aus deren Überlagerung.

Der Beobachtungsfehler S_k und der Rauschterm T_k sollen folgende Bedingungen erfüllen:

$$< S_k > = 0, \quad < T_k > = 0 \qquad (B.3)$$

Für die Fehlervarianzen gilt: $\qquad < S`_k{}^2 > = r, \quad < T`_k{}^2 > = q$ $\hfill$ (B.4)

Mit diesen Annahmen kann das Modell in folgende Form umgeschrieben werden:

$$Y`_k = c\, X`_k + S`_k \qquad (B.5)$$

$$X`_k = a\, X`_{k-1} + T`_k \qquad (B.6)$$

Es gibt zwei Varianten des Kalman-Filters:

1. Die Berechnung der Modellgröße $X`_k$ kann aus allen vorherigen Meßwerten ($Y`_{k-j}$, $j \geq 1$) erfolgen. In diesem Fall reicht die Kenntnis der Meßwerte und der Dämpfung c aus, es sind jedoch sehr lange Datenreihen vorauszusetzen, so daß diese Variante sehr rechenaufwendig ist.

2. Berücksichtigt man, daß in jedem Systemwert $X`_k$ bereits alle Informationen der vorhergehenden $X`_{k-1}$ Werte enthalten sind, reicht jeweils ein Zeitschritt aus. Diese Methode setzt jedoch die Kenntnis der Modellparameter a, r, q und des Ausgangswertes X_0 voraus.

Das hier vorgestellte Kalman-Filter nutzt die Vorteile beider Varianten aus und besteht aus drei Schritten:

    i. mit der ersten Variante wird ein vorläufiger Schätzwert $X\grave{}_k$ berechnet (B.1.1).

    ii. mit diesem Schätzwert können die Parameter bestimmt werden (B.1.2)

    iii. und damit wird die zweite Variante des Kalman-Filters angewandt (B.1.3).

B.1.1 Erste Variante des Kalman-Filters (Verwendung vieler Beobachtungen)

Durch wiederholte Anwendung von (B.5) und (B.6) und der Verwendung vieler, vorhergehenden Beobachtungen können alle $Y\grave{}_{j>k}$-Werte bestimmt werden, falls a und ein Systemwert $X\grave{}_k$ bekannt sind:

$$Y\grave{}_j = a^{j-k}\, c\, X\grave{}_k + \eta\grave{}_j \qquad (B.7)$$

mit einem Fehler $\eta\grave{}_j$. Dieser Fehler ist nicht mit $X\grave{}_k$ korreliert und er stellt den nicht durch das Modell geklärten Anteil von $Y\grave{}$ dar. Gleichung (B.7) kann als lineare Regression zwischen $Y\grave{}_j$ und a^{j-k} mit dem Regressionskoeffizienten $cX\grave{}_k$ angesehen werden. Zur Bestimmung des Regressionskoeffizienten seien h Paare von $Y\grave{}_j$ und a^{j-k} ausreichend und es gelte:

$$b_{j,k} = a^{j-k} - \left\langle a^{j-k} \right\rangle_h \quad \text{und} \quad Y''_k = Y'_j - \left\langle Y'_j \right\rangle_h \qquad (B.8)$$

Ist der Wert von a bekannt, so kann folgender Schätzwert für $X\grave{}_k$ berechnet werden:

$$\hat{X}'_k = c\, X\grave{}_k = \frac{\sum_{j=0}^{h} Y''_j b_{j,k}}{\sum_{j=0}^{h} (b_{j,k})^2} \qquad (B.9)$$

Liegt für a erst ein vorläufiger Schätzwert vor, so gibt (B.9) nur einen vorläufigen, der jeweiligen Iterationsstufe entsprechenden Schätzwert.

B.1.2 Zweite Variante des Kalman-Filters (Verwendung der letzten Beobachtung)

Sind a, r und q bekannt, so kann diese Variante des Kalman-Filters verwendet werden, welche auf dem letzten (vorhergehenden) Beobachtungswert aufbaut. Diese Variante wird auch auf ihre Anwendbarkeit als Fehlerdetektor untersucht. Der Schätzvorgang besteht aus zwei Abschnitten (Honerkamp,1990):

i)Die Prädiktion durch den erwarteten Wert der Systemgleichung (B.6):

$$\tilde{X}_k = a\, \hat{X}_{k-1} \qquad (B.10)$$

Dabei ist $\hat{X}_{k-1}$ der vorherige, mit dem Kalman-Filter erhaltene Schätzwert (für X_{k-1}). Der zum Zeitschritt k erwartete Beobachtungswert kann mit (B.10) bestimmt werden:

$$\tilde{Y}_k = c\, \tilde{X}_k \qquad (B.11)$$

Auch der erwartete Prognosefehler P_k, und der Kalman-Verstärkungsfaktor K_k, können noch vor der eigentlichen Beobachtung berechnet werden:

$$\tilde{P}_k = a^2 P_{k-1} + q \qquad (B.12)$$

$$K_k = \tilde{P}_k c / (c^2 \tilde{P}_k + r) \qquad (B.13)$$

ii) Die Korrektur der Vorhersage nach der Beobachtung:

$$\hat{X}_k = \tilde{X}_k + K_k (Y_k - \tilde{Y}_k) \tag{B.14}$$

$$P_k = \tilde{P}_k - K_k c \tilde{P}_k \tag{B.15}$$

Hier werden die Anfangswerte $\hat{X}_1$ and P_1 benötigt. Falls a, r und q bekannt sind, so lassen sich mit (B.10) bis (B.15) P_k, K_k und $\tilde{X}_k$ für jeden Zeitschritt k bestimmen.

B.1..3 Bestimmung der Parameter

Zu bestimmen sind der Regenerationsparameter a und die Autokovarianzen q, r und $<X'X'>$. Für dieses Modell sind diese Größen nicht unabhängig: jeweils ein Tripel dieser Größen kann als Funktion des vierten Parameters angenommen werden. Hier zum Beispiel die Abhängigkeit der drei Varianzen von a:

$$\left\langle X'_k X'_k \right\rangle = \frac{\left\langle Y'_{k+1} Y'_k \right\rangle}{a\ c^2} \tag{B.16a}$$

$$r = \left\langle Y'_k Y'_k \right\rangle - c^2 \left\langle X'_k X'_k \right\rangle \tag{B.16b}$$

$$q = \left(1 - a^2\right) \frac{\left\langle Y'_k Y'_k \right\rangle - r}{c^2} \tag{B.16c}$$

Um (B.16a) bis (B.16c) zu erhalten, werden die Bedingung der Stationarität und die statistische Unabhängigkeit von X'_k und dem Rauschtermen wiederholt genutzt. Wird folglich der Parameter a bestimmt, können alle anderen Parameter berechnet werden. Die statistischen Momente der Beobachtungsgröße Y'_k können direkt aus der Zeitreihe berechnet werden.

I. Bestimmung von a direkt aus den Beobachtungswerten Y'_k..

Unter Verwendung der bekannten Kovarianzen der Beobachtungsgleichung erhält man für unterschiedliche Zeitlags n

$$a^n = \frac{<Y'_{k+n+1} Y'_k>}{<Y'_{k+1} Y'_k>} \quad ; \quad n \geq 1 \tag{B.17}$$

Bei den Berechnungen werden nur die Kovarianzen innerhalb der Zellen betrachtet; selbst Kovarianzen zwischen zwei aufeinanderfolgenden Zellen werden ignoriert. Diese Einschränkung unterscheidet die beim Kalman-Filter verwendeten Autokovarianzen von denen, die zur Bestimmung der Zahl der Freiheitsgrade (Kap. 3.3) verwendet werden.

Gleichung B.17 kann bei einer Vielzahl von Nullwerten nicht mehr eingesetzt werden, da dann die Stichprobe der Nichtnullwerte zu gering wird und das Ergebnis unsicher ist. Es wird ein anderer Algorithmus gesucht, der noch bei Zeitreihen mit 70 und mehr Prozent Nullwerten verwendbar ist. Damit könnte ein erster Schätzwert für a und für die Autokovarianzen der X-Reihe bestimmt werden (mit der ersten Form des Kalman-Filters).

Unter Verwendung der zweiten Form des Kalman-Filters kann dann iterativ ein besserer Schätzwert für die Parameter gesucht werden (siehe II).

II. Iterative Bestimmung durch eine Kombination beider Formen des Kalman-Filters

Löst man (B.7a) und (B.7b) nach a auf so erhält man als ersten Schätzwert, der als Ausgangspunkt der Iteration dienen kann:

$$a^{(1)} = \frac{\langle Y'_{k+1} Y'_k \rangle}{\langle Y'_k Y'_k \rangle - r} \quad .$$

Dieser Ausdruck enthält jedoch eine unbekannter Größe und zwar r. Nimmt man als Anfangswert r = 0 an, so erhält man als Ausgangspunkt für a:

$$a^{(1)} = \frac{\langle Y'_{k+1} Y'_k \rangle}{\langle Y'_k Y'_k \rangle} = \beta \qquad (B.18)$$

Auch für die Berechnung von β gelten die Hinweise zu Gl.B.17, daß ausschließlich Korrelationen innerhalb der gleichen Zelle erlaubt sind. Wird ein Ausdruck von r in Abhängigkeit von $\langle Y^{\backprime}_k Y^{\backprime}_k \rangle$ gesucht, so erschien folgende Näherung günstig

$$A^{(1)} = \frac{\langle Y'_{k+1} Y'_k \rangle}{0.8 \langle Y'_k Y'_k \rangle} \qquad (B.19)$$

Dieser Wert des Nenners ergibt sich bei Proberechnungen anhand von synthetischen Markov-Ketten, mit vorgegebenem Wert von a und einem variablen Anteil von Nullwerten. Numerisch zeigt dieser Wert eine leichte Abhängigkeit von der Dämpfung c, die hier als konstant angenommen wird. Es zeigt sich, daß der Schätzwert $A^{(1)}$ den Ergebnissen, die mit Gl.(B.23) und (B.24) erhalten werden recht nahe kommt. Im weiteren Verlauf wird der Ausgangswert der Iteration meistens mit (B.19) bestimmt.

Mit dem Anfangsschätzwert $A^{(1)}$ oder $a^{(1)}$ erhält man mit der Regressionsgleichung (B.9) einen vorläufigen Schätzwert für die Autokovarianz der $X^{\backprime}_k$. Mit (B.16b) und (B.16c) können nun die Schätzwerte für r und q berechnet werden. Wird (B.16a) angewandt, so kann der Wert des Parameters a durch den Wert von r verändert werden:

$$a = \frac{\langle Y'_{k+1} Y'_k \rangle}{c^2 \langle X'_k X'_k \rangle} \qquad (B.20)$$

Durch die Beziehung zwischen $\langle X'_k X'_k \rangle$ und a erhält man:

$$a = \frac{\langle X'_{k+1} X'_k \rangle}{\langle X'_k X'_k \rangle} \qquad (B.21)$$

Die Untersuchungen zeigen, daß die Durchführung der Iteration über (B.20) oder (B.21) unterschiedliche Ergebnisse liefert, bedingt durch die Regressionsfehler von (B.9). Besteht die Datenreihe ausschließlich aus Nichtnullwerten, so sind die Ergebnisse der Iteration über (B.20) und (B.21) gleich. Bei vielen Nullwerten jedoch, hängt das Ergebnis deutlich von der Wahl des Iterationswegs über (B.20) oder (B.21) ab. Die Iteration der Funktionen $F_{1/2}(a)$ der beiden Ausdrücke (B.20) und (B.21) zeigt dies deutlich mit: $F(a) = \dfrac{a}{(1-a^2)}$ (B.22).

Wird (B.19) mit F(a)/a multipliziert, so erhält man folgende Iteration für F(a):

$$F_l(a)^{i+1} = \frac{\langle \hat{X}'_k \hat{X}'_{k-1} \rangle^{(i)} F_l(a)^{(i)}}{\langle \hat{X}'^2_k \rangle^{(i)} a^{(i)}} \qquad (B.23)$$

Der Index i, i+1 zeigt den Iterationsschritt an. Wird (B.20) mit F(a)/a multipliziert, so erhält man die Iteration über:

$$F_2(a)^{i+1} = \frac{\langle Y'_k Y'_{k-1}\rangle^{(i)} F_2(a)^{(i)}}{\langle \hat{X}'^2_k\rangle^{(i)} a^{(i)}} \qquad (B.24)$$

Die Gleichungen (B.23) und (B.24) haben unterschiedliche Zähler: in der Gleichung für $F_2(a)$ stehen die Beobachtungswerte $Y`_k$, $Y`_{k-1}$, in der Gleichung für $F_1(a)$ stehen deren vorläufige Schätzwerte $\hat{X}'_k$. Im Idealfall, ohne Nullwerte und mit hohem Regenerationsparameter wird $Y`_k$ gut durch $\hat{X}'_k$ geschätzt, dann spielt es keine Rolle welcher Iterationsweg gewählt wird.

Die besten Resultate werden durch eine Kombination der beiden Iterationswege erzielt. Diese Methode funktioniert bis zu einem Nullstellenanteil von ca. 75 %. Ist der Anteil der Nullwerte höher, so sind die Ergebnisse dieser Methode unsicher.

III. Empirische Methode für viele Nullwerte

Für sehr viele Nullwerte wird auf empirischem Wege eine andere Methode gesucht, die für künstlich generierte Datenreihen gute Ergebnisse liefert:

Es wird beobachtet, daß der gesuchte Parameter a, bestimmt durch die Autokovarianz zu lag 1 der X′-Reihe eng mit $\beta = a^{(1)}$ in Gl. (B.18), der Autokovarianz der Y′-Reihe zu lag 1 zusammenhängt. Der Parameter β kann nach (B.18) aus den Beobachtungsreihen berechnet werden und folgende funktionale Abhängigkeit $a(\beta)$ kann genutzt werden, falls das Verhältnis der Autokovarianzen der X′ und Y′-Reihe durch a und β ausgedrückt werden kann:

$$\frac{\langle Y'_k Y'_{k+1}\rangle}{\langle X'_k X'_{k+1}\rangle} = \frac{\beta \langle Y'^2_k\rangle}{a \langle Y'^2_k\rangle} = c^2 \qquad (B.25)$$

Empirisch werden Ausdrücke von a und β gesucht, die trotz variierendem a konstante Werte beibehalten. Es zeigt sich, daß das Verhältnis von $(a-\beta)/a$ und $(1-\beta)$ diese Bedingung erfüllt und folgender Gewichtsfaktor wird definiert

$$Q_m = \left(\frac{a-\beta}{a}\right) \Big/ (1-\beta) \qquad (B.26)$$

Für künstlich konstruiert Markov-Ketten, mit bekanntem Wert a (zwischen 0.2 und 0.9) wird β und Q_m berechnet. Bei Datenreihen mit vielen Nullwerten (mehr als 79%) zeigt sich eine geringe Variation von Q_m zwischen 0.56 und 0.61. Mit Gl.(B.25) und dem empirischen Wert Q_m ergibt sich ein akzeptabler Schätzwert für a:

$$a_{empiric} = \frac{\beta}{1-Q_m(1-\beta)} \qquad (B.27)$$

Wird in Gl. (B.27) $Q_m = 0.59$ und $\beta = 2/3$ gesetzt, so erhält man Gl. (B.19).

Erprobt werden die unterschiedlichen Methoden und Varianten an künstlich konstruierten Datenreihen, sowie an Stundensummen des Niederschlags. Diese Ergebnissen finden sich bei Schilling und Steinhorst (1998). Es zeigt sich dort, daß in vielen Fällen die Größen (r, q, P, K) des Kalman-Filters fehlerhafter Datenreihen durch Vergleich mit benachbarten Stationen aufzeigen können, jedoch nicht in der Lage sind, exakt den/die fehlerhaften Wert/Werte anzugeben. Diese Methode reagiert empfindlich auf sehr große Meßwerte, zu kleine, oder gar fehlende Meßwerte werden damit nicht entdeckt.

B2. Die Kriterien zur Prüfung von Niederschlagsdaten nach Müller und Rüffer (1984)

Mit diesen Prüfkriterien können grundsätzlich nur zufällige Fehler (wie Meß- oder Übertragungsfehler) gefunden werden. Angewandt werden sie auf die Daten der Niederschlagsstationen des DWD, sowie die Niederschlagsangaben der Klimahauptstationen.

I. Als erstes erfolgt die Prüfung auf **innere Konsistenz**, indem die Niederschlagsmengen mit den Meldungen des Erdbodenzustands verglichen werden. Dabei muß eine Niederschlagsmeldung von mehr als 3 mm/Tag mit einer der folgenden Meldungen des Wetterablaufs am Prüftag oder dessen Vortag zusammenfallen: Regen, Schnee, Graupel, Hagel oder Gewitter. Für kleinere Niederschlagsmengen besteht nur ein schwacher Zusammenhang mit dem in verschlüsselter Weise angegebenen Wetterablauf.

II. Als zweites wird die **zeitliche Konsistenz** geprüft, indem der Wetterablauf im untersuchten Zeitintervall mit Änderungen des Erdbodenzustands vom Vortag zum Prüftag verglichen wird.

III. Zur Prüfung der **räumlichen Konsistenz** werden für jede Meßstation bis zu 10 Vergleichsstationen in einem Bereich von $0.1°$ Breite und $0.2°$ geographischer Länge benutzt. Findet man nicht genügend Vergleichsstationen, kann dieses Gebiet auf $0.4°$ Breite und $0.8°$ Länge ausgedehnt werden. Diese Prüfung wird für die Monats- und die Tagessummen durchgeführt.

Die **Monatssumme** der untersuchten Station sollte nicht kleiner als 50% und nicht größer als 200% der mittleren Monatssumme der Vergleichsstationen sein. Ist dieses nicht erfüllt, wird eine Warnung ausgegeben.

Zur Prüfung der **Tagessummen** wird für jeden Tag ein Sollniederschlag RRS berechnet:

$$RRS = \frac{\sum_{i=1}^{N} \dfrac{RRM * RRV(i)}{RRMV(i) * D(i)}}{\sum_{i=1}^{N} \dfrac{1}{D(i)}} \qquad \text{mit}$$

RRM = Monatsmittel der zu prüfenden Station

RRMV(i) = Monatsmittel der Vergleichsstation i

RRV(i) = Tagessumme des Niederschlags der Vergleichsstation i

D(i) = Abstand der Vergleichsstation i zur geprüften Station

N = Anzahl der Vergleichsstationen.

Dazu wird eine maximal tolerierbare Abweichung LIM bestimmt:

$$LIM = 3 \text{ mm} + \tfrac{1}{2} * [\text{Max}(RRV(i)) - \text{Min}(RRV(i))].$$

Ist nur eine einzige Station vorhanden, so wird LIM aus der Tagessumme der zu prüfenden Station RR bestimmt: $\qquad LIM = 3 \text{ mm} + RR/10.$

In Abhängigkeit von dieser tolerierbaren Abweichung LIM erfolgt die Beurteilung der Meß-werte. Liegt die Tagessumme RR innerhalb des folgenden Intervalls, so wird der Meßwert akzeptiert, anderenfalls wird eine Warnung ausgesprochen

$$RRS - LIM \leq RR \leq RRS + 2 * LIM.$$

Als Sonderfall wird die Situation behandelt, wenn die untersuchte Station keinen Nieder-schlag meldet, alle Vergleichsstationen aber Niederschlag registriert haben. Der Nullwert wird toleriert, wenn $RRV(i) < 1$ mm für alle i, oder wenn $RRM / RRMV(i) \geq 0.1$ für alle i und für wenigstens eine Vergleichsstation i gilt $RRS \leq 2$ mm oder $RRV(i) \leq 3$ mm. Ein zweiter Sonderfall ist, wenn die untersuchte Station Niederschlag meldet, jedoch keine der Ver-gleichsstationen. Dieser Wert wird toleriert, wenn $RR < 1$ mm oder wenn für alle i gilt $RRM / RRMV(i) \geq 0.1$ und $RR < 3$ mm ist.

Für alle Warnungen gilt, daß bei widersprüchlichen Hinweisen der gemeldete Wert als kor-rekt angesehen wird. Die endgültige Beurteilung und Korrektur der fraglichen Werte wird nicht automatisch durchgeführt, sondern manuell durch Fachprüfer.

B3. Anpassungstests

Will man die Hypothese, daß eine Zufallsvariable X eine bestimmte theoretische Verteilungsfunktion F(x) besitzt, überprüfen, führt man Anpassungstests durch. Die Form der empirischen Verteilung wird durch die Klassenbesetzungszahlen der vorher festgelegten Klassengrenzen gegeben.

Der **Chi-Quadrat-Test** kann für alle theoretischen Verteilungen ohne Einschränkungen angewendet werden (Schönwiese, 1985). Allerdings muß die empirische HV folgende Bedingungen erfüllen:

1. Alle Klassenbesetzungszahlen sollen in der Regel größer als 4 sein.
2. Für jede Klasse wird die Differenz der empirischen und der theoretischen Häufigkeit berechnet. Das Vorzeichen dieser Differenz soll annähernd gleichverteilt sein. Die ungleichmäßige Häufung nur eines Vorzeichens kann Fehlentscheidungen bewirken (Schönwiese, 1985).

Fehlentscheidungen sind auch möglich im Bereich geringer Häufigkeiten. Bei eingipfeligen Verteilungen können somit die (meist sehr gering besetzten) Verteilungsränder zur Ablehnung einer Verteilung führen. Das ist auch dann möglich, wenn in den stärker besetzten Klassen Übereinstimmung herrscht.

Bei der Anwendung des Chi-Quadrat-Tests auf die Verteilungen der Größen der 5-Minutenwerte werden die Bedingungen 1. und 2. bezüglich der empirischen und theoretischen Klassenhäufigkeit nicht optimal erfüllt: in weiten Teilen tritt eine Häufung eines Vorzeichens auf.

Zusätzlich entscheiden die gering besetzten Verteilungsränder in vielen Fällen über die Ablehnung der theoretischen Häufigkeit. Wird die Beurteilung der Verteilung mit dem Chi-Quadrat-Test vorgenommen, so muß in vielen Fällen jede theoretische Verteilung abgelehnt werden, auch wenn in weiten Bereichen Übereinstimmung gegeben ist.

Weder die Annahme einer anderen, (ähnlichen) theoretischen Verteilungsfunktion, noch die Variation und Optimierung des Mittelwerts (siehe unter B4.) bringen bessere Ergebnisse.

Bei der Anwendung des **Kolmogoroff-Smirnow-Tests** können diese Schwierigkeiten vernachlässigt werden. Nach Kreyszig (1991) eignet sich dieser Test nur für stetige Verteilungen. Ist die hypothetische Verteilung nicht stetig, so ist dieser Test konservativ, das heißt, er hält länger an der Nullhypothese der Gleichheit fest als geboten.

Schönwiese (1985) schlägt den Kolmogoroff-Smirnow-Test als Alternative vor, falls mit dem Chi-Quadrat-Test Schwierigkeiten auftreten. Dabei werden keine Einschränkungen bezüglich der Art der Verteilungsfunktion gemacht. Vorausgesetzt wird nur ein Mindestumfang der Stichprobe (35 oder besser 50 Elemente).

Um den Schwierigkeiten mit dem Chi-Quadrat-Test auszuweichen, werden in dieser Arbeit die Verteilungen in der Regel mit dem Kolmogoroff-Smirnow-Test überprüft. Der geforderte Mindestumfang der Stichprobe ist in allen Fällen erfüllt.

Die empirisch gefundene Häufigkeitsverteilung (HV) wird meistens mit mehreren theoretischen Verteilungen (andere Verteilungsfunktionen zum gleichen Mittelwert oder Variation und Optimierung des Mittelwerts) verglichen. Durch die vergleichende Abschätzung mehrerer Nullhypothesen (Verteilungen) soll nur die „beste" Nullhypothese übrigbleiben.

Klassenweise werden die kumulativen Häufigkeiten verglichen. Durch deren Maximalabweichung wird die Prüfgröße a bestimmt (Kreyszig,1991): $a = \max \left| \tilde{F}(x) - F(x) \right|$.

Die Prüfgröße wird mit einem von der (vorher gewählten) Signifikanzzahl α und dem Stichprobenumfang n abhängendem Grenzwert c verglichen. Für die Signifikanzzahl $\alpha = 1\%$, beträgt der Grenzwert c = 1.628/√n. Ist die Prüfgröße kleiner als dieser Grenzwert, so wird die Hypothese angenommen.

Da bei der Berechnung des Grenzwerts des Kolmogoroff-Smirnow-Tests dem **Stichprobenumfang n** besondere Bedeutung zukommt, wird auf diesen näher eingegangen. Betrachtet man z.B. die Zahl der Ereignisse pro Tag ausgehend von einer einzigen Station, so sind das für Köln 122 Tage. Das heißt der Stichprobenumfang ist 122. Im Falle der 5-Minutenwerte von Bonn und von Köln wird nicht die HV einer einzelnen Station betrachtet, sondern für das ganze Stadtgebiet soll jeweils eine repräsentative Verteilung gefunden werden. Dazu werden die Verteilungen der einzelnen Stationen klassenweise addiert. Zu dieser HV der Summen wird die theoretische Verteilung berechnet und die Anpassung überprüft. Betrachtet man folglich die Zahl der Ereignisse pro Tag für das ganze Stadtgebiet von Köln, so untersucht man für 18 Stationen je 122 Tage. Die empirische HV der Summen umfaßt somit 2196 Tage (= 18*122).

Doch auch in diesem Fall beträgt der reale Stichprobenumfang nur 122. Ganz gleich, ob nur eine einzige oder alle 18 Stationen betrachtet werden, es werden immer die gleichen 122 Tage untersucht. Bei der Untersuchung mehrerer Stationen zusammen, kann man die Ergebnisse der einzelnen Stationen als Realisierungen des gleichen Experiments ansehen. Dadurch bleibt der Stichprobenumfang n für Köln unverändert bei 122 Tagen.

Die gleichen Überlegungen gelten auch bezüglich der Untersuchungen der Zellen oder Ereignisse. Im allgemeinen verfolgt man an allen Stationen, bedingt durch die hohe räumliche Auflösung die gleichen Zellen oder Ereignisse, wie man z.B. auch in den Aufzeichnungen des Radargeräts sehen kann.

Das bedeutet, daß für die Untersuchung der Zellen in Köln der Stichprobenumfang nicht gleich der Summe der Zellen (5747) ist, sondern n =5747/18 =319.28.

Die gleichen Überlegungen gelten auch für die Bonner Daten und alle anderen Untersuchungen. In Tabelle B3.1 finden sich für die Untersuchung der Bonner und Kölner Daten wichtige Werte des Stichprobenumfangs und Grenzwerte des Kolmogogroff-Smirnow-Test zum Signifikanzniveau $\alpha = 1\%$:

	Bonn		Köln	
	Stichprobenumfang	Grenzwert	Stichprobenumfang	Grenzwert
Beobachtungstage	1342/16 = 83.88	0.178	2196/18 = 122	0.148
Zellen	2791/16 = 174.44	0.123	5747/18 = 319.28	0.0912
Ereignisse	2791/16 = 174.44	0.123	2018/18 = 112.11	0.154

Tab. B3.1: Grenzwerte des Kolmogogroff-Smirnow-Tests für gegebenen Stichprobenumfang n zum Signifikanzniveau $\alpha = 1\%$.

B4. Optimierungsverfahren

In vielen statistischen Untersuchungen wird aus den Daten eine empirische Häufigkeits-verteilung (HV) und empirische Parameter z.B. Mittelwert, Varianz usw. bestimmt. Meistens wird der Wert dieser Parameter akzeptiert, während die Qualität der HV angezweifelt und überprüft wird, wie unter B3 gezeigt. Aus den geschätzten Parametern wird dann eine theoretische HV berechnet, welche an die empirische HV angepaßt wird. Mittels Anpassungstests wird geprüft, ob diese beiden Verteilungen übereinstimmen. Wird diese Übereinstimmung durch Anpassungstests abgelehnt, so verwirft man meist die empirische HV, zweifelt aber selten an den Schätzwerten der Parameter.

Ein anderer Weg ist, die empirische HV vorläufig zu akzeptieren und umgekehrt den Wert der Parameter zu überprüfen. Hier wird der optimal zur empirischen HV passende Wert der Parameter gesucht. Nach Kreyszig (1991) kann diese Aufgabe der Punktschätzung von Parametern als statistisches Entscheidungsproblem aufgefaßt werden. Das Ziel dieser Entscheidungsprobleme ist, eine gegebene Verlustfunktion (kann das Quadrat der Anpassungsfehler sein) zu minimieren. Damit erhält man optimale Schätzwerte der Parameter. Diese Berechnungen werden im Fall der 5-Minutenwerte für die untersuchten Verteilungen durchgeführt.

Wichtig für die Niederschlagsmodelle sind die Poisson-, die Exponential-, die geometrische und die Pareto-Verteilung. Wegen des hohen Rechenaufwands bei der Konstruktion der Modelle werden vor allem Verteilungen mit einem, höchstens zwei Parametern gewählt.

Um die optimale Anpassung zu finden, dürfen die Parameter (bei den meisten Verteilungen der Mittelwert) einen großen Wertebereich durchlaufen. Als optimal wird der Wert angesehen, der den kleinsten quadratischen Fehler aufweist. Auch bei diesem Prüfverfahren wird in einem ersten Schritt die empirische HV der Daten berechnet und im weiteren Verlauf wird die empirisch bestimmte, relative Besetzung der k-ten Klasse mit N_k bezeichnet.

Im Falle der Poisson- und der geometrischen Verteilung, beruhen die folgenden Berechnungen auf der Angabe der Einzelwahrscheinlichkeiten nach Müller (1991). Aus der gleichen Literaturquelle erfolgt auch die Angabe der Dichte der Exponential- und der Pareto-Verteilung.

a. Die Optimierung der Poisson-Verteilung

Für die Poisson-Verteilung ist die Einzelwahrscheinlichkeit gegeben durch

$$P(x = m) = e^{-\lambda} \frac{\lambda^m}{m!} \text{ für m} = 0, 1, 2, \dots \text{ und } \lambda > 0.$$

Damit erhält man für den Anpassungsfehler J, falls die Berechnung über alle sinnvollen Werte von m läuft wobei m klassenweise von x_{j-1} bis x_j behandelt wird:

$$J = \sum_{k=1}^{K} \left\{ N_k - \sum_{m=x_{j-1}}^{x_j} e^{-\lambda} \frac{\lambda^m}{m!} \right\}^2$$

Gesucht wird das Minimum von J in Abhängigkeit von λ:

$$\frac{\partial J}{\partial \lambda} = 2 \sum_{k=1}^{K} \left\{ N_k - \sum_{m=x_{j-1}}^{x_j} e^{-\lambda} \frac{\lambda^m}{m!} \right\} \sum_{m=x_{j-1}}^{x_j} \left\{ \frac{e^{-\lambda}}{m!} \left(\lambda^m - m\lambda^{m-1} \right) \right\} = 0.$$

b. Die Optimierung der geometrischen Verteilung

Für die geometrische Verteilung gilt $P(x = m) = (1-p)p^m$ für $m \in \mathbb{N}_0$ und $0 <$ $p < 1$.

Damit wird der Anpassungsfehler J, falls die Werte von m einer Klassenbildung mit den Grenzen x_{j-1} bis x_j unterzogen werden:

$$J = \sum_{k=1}^{K} \left\{ N_k - \sum_{m=x_{j-1}}^{x_j} (1-p)p^m \right\}^2 .$$

Gesucht wird jener Wert von p, welcher den Anpassungsfehler J minimiert:

$$\frac{\partial J}{\partial p} = 2 \sum_{k=1}^{K} \left\{ N_k - \sum_{m=x_{j-1}}^{x_j} (1-p)p^m \right\} \sum_{m=x_{j-1}}^{x_j} \left\{ p^m - m(1-p)p^{m-1} \right\} = 0.$$

c. Die Optimierung der Exponentialverteilung

Die Dichte der Exponentialverteilung ist definiert als $f(x) = \lambda e^{-\lambda x}$ mit $\lambda > 0$. Somit ist der Anpassungsfehler J:

$$J = \sum_{k=1}^{K} \left\{ N_k - \int_{x_{j-1}}^{x_j} f(x)dx \right\}^2 = \sum_{k=1}^{K} \left\{ N_k - \left[e^{-\lambda x_{j-1}} - e^{-\lambda x_j} \right] \right\}^2 .$$

Die Minimierung dieses Fehlers führt zu

$$\frac{\partial J}{\partial \lambda} = 2 \sum_{k=1}^{K} \left\{ N_k - \left[e^{-\lambda x_{j-1}} - e^{-\lambda x_j} \right] \right\} \left\{ x_j e^{-\lambda x_j} - x_{j-1} e^{-\lambda x_{j-1}} \right\} = 0.$$

d. Die Optimierung der Pareto-Verteilung

Bei der Pareto-Verteilung mit einer Dichte von $f(x) = \frac{\alpha}{x_0} \left(\frac{x_0}{x} \right)^{\alpha+1}$ für $x > x_0$ und $a > 2$ ergibt sich ein Anpassungsfehler

$$J = \sum_{j=1}^{K} \left\{ N_j - \int_{x_{j-1}}^{x_j} f(x_0, x, \alpha)dx \right\}^2 + \lambda(2-\alpha)^2 = \sum_{j=1}^{K} \left\{ N_j - \left[\left(\frac{x_0}{x_{j-1}} \right)^{\alpha} - \left(\frac{x_0}{x_j} \right)^{\alpha} \right] \right\}^2 + \lambda(2-\alpha)^2 .$$

Der zweite Term jeweils resultiert aus der Bedingung, daß $\alpha > 2$ sein muß, um die Definition der Varianz zu ermöglichen.

Da diese Gleichung von zwei Parametern abhängt (α und x_0), so muß das gleichzeitige Minimum der Ableitung dieser Gleichung sowohl nach α, als auch nach x_0 gefunden werden:

$$\frac{\partial J}{\partial \alpha} = -2\left[\sum_{j=1}^{K}\left\{N_k - \left[\left(\frac{x_0}{x_{j-1}}\right)^{\alpha} - \left(\frac{x_0}{x_j}\right)^{\alpha}\right]\right\}\left\{\left(\frac{x_0}{x_{j-1}}\right)^{\alpha}\ln\left(\frac{x_0}{x_{j-1}}\right) - \left(\frac{x_0}{x_j}\right)^{\alpha}\ln\left(\frac{x_0}{x_j}\right)\right\} + \lambda(2-\alpha)\right] = 0$$

$$\frac{\partial J}{\partial x_0} = -2\alpha\left[\sum_{j=1}^{K}\left\{N_k - \left[\left(\frac{x_0}{x_{j-1}}\right)^{\alpha} - \left(\frac{x_0}{x_j}\right)^{\alpha}\right]\right\}\left\{\left(\frac{x_0}{x_{j-1}}\right)^{\alpha-1}\frac{1}{x_{j-1}} - \left(\frac{x_0}{x_j}\right)^{\alpha-1}\frac{1}{x_j}\right\}\right] = 0.$$

Je nach untersuchter Verteilung wird das Minimum der entsprechenden Gleichung bzw. im Falle der Pareto-Verteilung beider Gleichungen gleichzeitig gesucht; dabei kann die Variable x ein breites Wertespektrum durchlaufen. Über die variablen Klassengrenzen x_j und x_{j-1} läßt sich die theoretische, optimierte Verteilung jeweils an die Klassengrenzen der empirischen HV anpassen.

B.5 Konfidenzintervalle

Um zu klären, wie genau die Näherung eines Parameters der Grundgesamtheit durch einen empirischen Schätzwert ist, werden Konfidenzintervalle berechnet (Kreyszig, 1991). Dabei wird angenommen, daß das Konfidenzintervall (oder Vertrauensintervall) den wahren, unbekannten Parameterwert mit einer Wahrscheinlichkeit γ enthält. Die Wahrscheinlichkeit γ kann gewählt werden, beispielsweise 95%, oder 99%.

Die Berechnung eines Konfidenzintervalls für den Mittelwert (einer Normalverteilung) mit unbekannter Varianz erfolgt nach Kreyszig (1991) folgendermaßen:

Zu der gewählten Konfidenzzahl γ wird aus der Zahlentafel für die t-Verteilung die Lösung c folgender Gleichung gesucht

$$F(c) = 0.5 * (1+\gamma).$$

Dabei ist die Zahl der Freiheitsgrade n = Stichprobenumfang - 1.
Mit dem Mittelwert μ und der Varianz s^2 der Stichprobe berechnet man die maximal erlaubten Abweichungen a vom Mittelwert:

$$a = s * c / \sqrt{n}.$$

Damit ist das Konfidenzintervall $\qquad Konf\{\mu - a \leq \mu \leq \mu + a\}.$

Ist der Stichprobenumfang n sehr groß, so kann diese Methode auch zur Bestimmung von Konfidenzintervallen anderer, beliebiger Verteilungen benutzt werden, dabei bestimmt der Stichprobenumfang die Güte der Näherung.

Literaturverzeichnis

Allen, P. G.,1972: The Routine Processing Of Current Rainfall Data By Computer. Met. Magazine, 101, 340-345.

Antrag auf Einrichtung des Sonderforschungsbereichs 1400, 1990: Wechselwirkungen kontinentaler Stoffsysteme und ihre Modellierung.

Ashworth, J. R., 1929: The Influence Of Smoke And Hot Gases From Factory Chimneys On Rainfall. Q. J. R. Met. Soc., Vo. 55, 341-350.

Banfield, D., Ingersoll, A. P. und Keppene, C. L., 1995: A Steady-State Kalman Filter for Assimilating Data from a Single Polar Orbiting Satellite. J. Atm. Sci., 52, 737-753.

Blanchard, D. O.,1990: Mesoscale Convective Patterns of the Southern High Plains. Bull. Amer. Meteor. Soc., Vol. 71, 994-1005.

Bleasdale, A. und Farrar, A. B., 1965: The Processing Of Rainfall Data By Computer. Met. Magazine, Vol. 94, 98-109.

Böde, U.,1995: Gebietsniederschlags-Untersuchungen und Zellstatistiken aus Rückstreumessungen einer stationären Nahbereichs-Radaranlage. Diplomarbeit am Meteorologischen Institut, Bonn.

Bouttier, F., 1994: A Dynamical Estimation of Forecast Error Covariances in an Assimilation System. Mon. Wea. Rev., Vol. 122, 2376-2389.

Bürger, G., und Cane, M.A., 1994: Interactive Kalman filtering. Journal of Geophy. Reserch, Vol. 99, C4, 8015-8031.

Bussières, N. und Hogg, W., 1989: The Objective Analysis of Daily Rainfall by Distance Weighting Schemes on a Mesoscale Grid. Atmosphere-Ocean, 27, 521-541.

Cacciamani, C. und de Simone, C., 1992: Minimum Temperature Forecasts At The Regional Meteorological Service Of The Emilia Romagna Region (North Italy) By The Application Of The Kalman Filter Technique. ECMWF Newsletter No.60, December 1992, 9-16.

Cerveny, R. S. und Balling R. C., 1998: Weekly cycles of air pollutants, precipitation and tropical cyclones in the coastal NW Atlantic region. Nature, Vol. 394, 561-563.

Changnon, S. A., 1981: Convective Raincells. J. Atmos.Sci., Vol. 38, 1793-1797.

Changnon, S. A., 1998: Comments on „Secular Trends of Precipitation Amount, Frequency, and Intensity in the United States". Bull. Amer. Meteor. Soc. 79, 2250-2252.

Changnon, S.A., Semonin R. G. und Huff, F. A., 1976: A Hypothesis for Urban Rainfall Anomalies. J. Apl. Meteor.,Vol.15, 544-560.

Chatfield, C., 1982: Analyse von Zeitreihen, Carl Hanser Verlag München Wien.

Chui, C. K.und Chen, G., 1990: Kalman filtering with real-time applications. Springer Verlag, Berlin Heidelberg New York.

Cohn, S. E., Sivakumaran, N. S. und Todling, R., 1994: A Fixed-Lag Kalman Smoother for Retrospective Data Assimilation. Wea. Rev., 122, 2838-2867.

Cordova, J. R. und Bras, R. L., 1979: Stochastic control of irrigation systems, Rep. 234, Ralph M. Parsons Lab. for Water Resour. And Hydrodyn., Mass. Inst. of Technol., Cambridge

Cornford, S. G, 1996: Human And Economic Impacts Of Weather Events In 1995. Bulletin of the World Meteorologic Organization, Vol. 45, October 1996,347-363.

Craddock, J. M., 1979: Methods Of Comparing Annual Rainfall Records For Climatic Purposes. Weather 34, Nr. 9, 332-346.

Cressie, N., 1991: Statistics for spatial data. John Wiley & Sons, Inc., New York.

Dahlström, B.,1973: Error Analysis Of Rainfall Data By Polynomials, Deptm. for Meteorology, Uppsala.

Dahlström, B., Ehlert, B. und Gustafsson, N., 1980: A Basic System for Quality Control Of Observations: Bacon. SMHI Nordkoeping,The Swed. Meteor. and Hydrol. Institut (1. Draft).

Davis, R. E., 1976: Predictability of Sea Surface Temperature and Sea Level Pressure Anomalies over the North Pacific Ocean. J. Phys. Oceanogr., Vol. 6, No.3, 249-266.

Dee, D. P., 1991: Simplification of the Kalman filter for meteorological data assimilation. Q. J. R. Meteorol. Soc (1991), 117, 365-384.

DeGaetano, A.T., 1998: A Smirnow test-based clustering algorithm with application to extreme precipitation data. Water Resour. Res., Vol.34., 169-176.

Drãgulãnescu, L.,1993:Application Of Kalman Filtering To Adjust The Forecast Air Temperatures From A Numerical Model. Meteorology and Hydrology, 23, 11-14.

DVWK, 1989: Niederschlag - Anweisung für den Beobachter an Niederschlagsstationen. ABAN (1989). Deutscher Verband für Wasserwirtschaft und Kulturbau e.V., (Hrsg.), 1989, DVWK-Schriften,126/1988, Kommissionsvertrieb Verlag Paul Parey, Hamburg und Berlin.

Easterling, D. R., 1989: Regionalization Of Thunderstorm Rainfall In The Contiguous United States. Internat. Journal of Climatology, Vol. 9, 567-579.

Entekhabi, D., Rodriguez-Iturbe, I., Eagleson, P. S., 1989: Probalistic Representation of the Temporal Rainfall Process by a Modified Neyman-Scott Rectangular Pulses Model: Parameter Estimation and Validation, Water Resour. Res., Vol.25, No.2, 295-302.

Epstein, E. S. und O'Lenic, E. A., 1992: Kalman Filter and Regression, Applications to Specification and Prediction. 12th conference on probality and statistics in the atmospheric sciences. Toronto, Ont., Canada, 111-113.

Eßer, R., 1993: Erfassung und Beurteilung eines lokalen Niederschlagsmessnetzes, sowie Erkennung von Starkniederschlagsmustern in seinen Meldungen. Diplomarbeit am Meteorologischen Institut, Bonn.

Eversen, G. und van Leeuwen, P. J., 1996: Assimilation of Geosat Altimeter Data for the Agulhas Current Using the Ensemble Kalman Filter with a Quasigeostrophic Model. Mon. Wea. Rev., Vol. 124, 85-96.

Fairbridge, R. W., 1967: The Encyclopedia of Atmospheric Sciences and Astrogeology, Vol. II, Reinhold Publishing Corporation, New York Amsterdam London.

Fernau, M. E., und Samson, P. J., 1990: Use of Cluster Analysis to Define Periods of Similar Meteorology and Precipitation Chemistry in Eastern North America. Part I: Transport Patterns. J. Appl. Meteor., Vol.29,735-750.

Finger,F., Gelman, M.E. and Thomas, A.R., 1985: Quality Control Of Meteorological Data. In Keynote Papers, pres. at the 3. WMO Tech. Conf. on Instrum. and Methods of Observation, (TECIMO- III), Ottawa, Canada, 8-12 July 1985. WMO Report No.23, Geneva.

Frey-Buness, A., 1993: Ein statistisch-dynamisches Verfahren zur Regionalisierung globaler Klimasimulationen. Forschungsbericht DLR-FB 93-47, Oberpfaffenhofen.

Galway, J., 1956: The Lifted Index as a Predictor of Latent Instability. Bull. Amer. Meteor. Soc., Vol. 37, 528-529.

Geer, F. C. van , Te Stroet, C. B. M. und Yangxiao, Z., 1991: Using Kalman Filtering to Improve and Quantify the Uncertainty of Numerical Groundwater Simulations, 1. The Role of System Noise and Its Calibration, Water Resour. Res., 27, 1987-1994.

Geiger, R., 1962: Das Klima der bodennahen Luftschicht. Braunschweig: Vieweg.

Giesecke, J. und Meyer, H., 1984: Das räumlich-zeitlich variable Niederschlagsangebot, ermittelt aus Bodenmeßnetzen - Beschreibung und Auswertungsmethoden. Deutsche Forschungsgemeinschaft, Möglichkeiten der Niederschlagsvorhersage für Hydrologie und Wasserwirtschaft. Mitteilung VIII der Senatskommission für Wasserforschung, Herausgeber Heribert Fleer, VCH Verlagsgemeinschaft mbH, Weinheim.

Glossary of Terms frequently used in Weather Modification, 1968, AMS, 45 Bacon St., Boston, Mass. 02108.

Golubev, V. S., 1986: On the Problem of Standard Conditions for Precipitation Gauge Installation. In: Sevruk, B. (Ed.): ETH/IAHS/ WMO Workshop on the Correction of Precipitation Measurements. Zürcher Geograph. Schrift., ETH Zürich, No.23, Zürich.

Gomolka, K. und Koenen, D., 1983: Die Prüfung synoptischen Datenmaterials von Landstationen mittels EDV für klimatologische Zwecke. Selbstverlag DWD. Neuaufl., Offenbach a.M.

Gomolka, K. und Mehley, W., 1983: Beschreibung der Prüfkriterien für die Qualitätskontrolle synoptischer Daten nach FM12-Synop von Landstationen mittels EDV für klimatologische Zwecke- entwickelt im Rahmen des Alpex-Projektes. Selbstverlag DWD., Offenbach a. M.

Gordon, A. H., 1994: Weekdays warmer than weekends? Nature, Vol. 367, 325-326.

Grace, R. A. und Eagleson, P. S., 1967: A model for generating synthetic sequences of short-time-interval rainfall depths. Proc. Int. Hydrol. Symp., Fort Collons, Colo., 268-276.

Großklaus, M., 1996: Niederschlagsmessung auf dem Ozean von fahrenden Schiffen. Dissertation am Institut für Meereskunde, Kiel.

Gupta., V. K. und Waymire, E. C., 1979: A Stochastic Kinematik Study of Subsynoptic Space-Time Rainfall. Water Resour. Res., Vol. 15, 637-644.

Gupta, H.V., Sorooshian, S. und Yapo, P. O., 1998: Toward improved calibration of hydrologic models: Multiple and noncommensurable measures of information. Water Resour. Res. Vol. 34, 751-763.

Hand, W. H., 1996: An object-oriented technique for nowcasting heavy showers and thunderstorms. Meteorol. Appl. 3, 31-41.

Handbook Of Meteorological Instruments, Part I, 1956, Meteorological Office, London, Her Majesty`s Stationery Office.

Hannan, E. J., 1970: Multiple Time Series. John Wiley and Sons Inc., New York, London, Sydney, Toronto.

Hasse, L.,Großklaus, M., Uhlig, K. und Timm, P., 1998: A Ship Rain Gauge for Use in High Wind Speeds. Journal of Atmospheric and oceanic Technology, Vol. 15, 380-386.

Hense, A., 1991 Skript zur Vorlesung Statistik. Meteorologisches Institut der Universität Bonn.

Hipp, C., 1998: Risikobewertung in Banken und Versicherungen. Spektrum der Wissenschaft. 105-108.

Honerkamp, J.,1990: Stochastische Dynamische Systeme. VCH Verlagsgesellschaft mbH Weinheim.

Hosking J. G. und Stow, C. D., 1987. Ground-Based, High-Resolution Measurements of the Spatial and Temporal Distribution of Rainfall. J. of Climate and Appl. Met., Vol.26, 1530-1539.

Houze, R. A., Schmid, W., Fovell, R.G. und Schiesser H.-H., 1993: Hailstorms in Switzerland: Left Movers, Right Movers and False Hooks. Mon. Wea, Rev., Vol. 121, 3345-3370.

Hoyt, W. G., und Langbein, W. L., 1955: Floods. Princeton University Press.

Huff, F. A. und Changnon, S. A., 1973: Precipitation modification by major urban areas. Bull. Amer. Meteor. Soc., 1220-1232.

Islam, S., Entekhabi, D., Bras, R. L.und Rodriguez-Iturbe, I., 1990: Parameter Estimation and Sensitivity Analysis for the Modified Bartlett-Lewis Rectangunlar Pulses Model of Rainfall. J. Geophys. Res., Vol. 95(D3), 2093- 2100.

Kane, R.J., Chelius, C. R. und Fritsch, J. M., 1987: Precipitation Characteristics of Mesoscale Convective Weather Systems. J. Climate Appl. Meteor., Vol. 26, 1345-1357.

Karl, T.R., Knight, R. W., 1998: Reply on „Secular Trends of Precipitation Amount, Frequency, and Intensity in the United States". Bull. Amer. Meteor. Soc. 79, 2252-2254.

Kavvas, M. L. und Delleur, J. W., 1981: A Stochastic Cluster Model of Daily Rainfall Sequences. Water Resour. Res., Vol.17, No.4, 1151-1160.

Kilpinen, J., 1992: The Application Of Kalman Filter In Statistical Interpretation Of Numerical Weather Forecasts. 12th conference on probality and statistics in the atmospheric sciences. Toronto, Ont., Canada, 11-16.

Kogan, F., 1997: Global Drought Watch from Space. Bulletin of the American Meteorological Society, Vol.78, April 1997, 621-636.

Kopp, E.-M., 1997: Eine kritisch-statistische Untersuchung von Bonner Tropfenspektren und den daraus resultierenden aktuellen Beziehungen von Regenkenngrößen. Diplomarbeit am Meteorologischen Institut, Bonn.

Kostinski A, B. und Jameson, A. R., 1997: Fluctuation Properties of Precipitation. Part I: On Deviations of Single-Size Drop Counts from the Poisson Distribution. J. Atm. Sci., Vol.54, 2174-2186.

Koutsoyiannis, D. und Foufoula-Georgiou, E., 1993: A Scaling Model Of A Atorm Hyetograph. Water Resour. Res., Vol. 29, No. 7, 2345-2361.

Kratzer, A., 1956: Das Stadtklima. Braunschweig: Vieweg.

Kreyszig, E., 1991: Statistische Methoden und ihre Anwendungen. Vanderhoeck & Ruprecht, 7. Auflage.

Larson, L. W., 1986: Experiences, Investigations and Recomandations Concerning Wind Induced Precipitation Errors. In: Sevruk, B. (Ed.): ETH/IAHS/ WMO Workshop on the Correction of Precipitation Measurements. Zürcher Geograph. Schrift., ETH Zürich, No.23, Zürich.

Lau, K.- M., Chan, P. H., 1985: Aspects of the 40-50 Day Oscillation during the Northern Winter as Inferred from Outgoing Longwave Radiation. Mon. Wea. Rev., Vol. 113, 1889-1909

Ludlam, F. H., 1980: Clouds And Storms. The Behavior and Effect of Water in the Atmosphere. The Pennsylvania State University Press. University Park and London.

Müller, P. H., 1991: Wahrscheinlichkeitsrechnung und Mathematische Statistik. Lexikon der Stochastik. Akademie Verlag GmbH, Berlin.

Müller, G., Rüffer, H., 1984: Qualitätskontrolle. Prüfkriterien zur fachlichen Prüfung von Niederschlagsdaten. Selbstverlag DWD, Offenbach a. M.

Orlanski, I., 1975: A rational subdivision of scales for atmospheric processes. Bull. Amer. Meteor. Soc., 56, 527-534.

Persson, A., 1989: Kalman Filtering. A new approach to adaptive statistical interpretation of numerical meteorological forecasts, ECMWF Newsletter, June 1989.

Peyinghaus, P., 1996: Die Punkt-Termin-Prognosen auf der Basis hochauflösender Gitterpunktmodelle. In: Promet, 25, Heft 1/2.

Prenosil, T., 1989: Einführung in die Synoptische Meteorologie, Vorlesungsskript, Meteorologisches Institut der Universität Bonn.

Restrepo-Posada, P. und Eagleson, P., 1982, Identification Of Independent Rainstorms, Journal of Hydrology, 55, 1982, 303-319.

Rodriguez-Iturbe, I., Febres De Power, B. und Valdès, J. B., 1987, Rectangular Pulses Point Process Models for Rainfall: Analysis of Empirical Data, Journal of Geophysical Research, Vol. 92, No. 8, 9645-9656.

Rodriguez-Iturbe, I., Gupta, V. K. und Waymire, E., 1984, Scale Considerations in the Modelling of Temporal Rainfall, Water Resour. Res., Vol.20, No.11, 1611-1619.

Ronberg, B. und Wang, W.- C., 1987: Climate Patterns Derived From Chinese Proxy Precipitation Records: An Evaluation Of The Station Networks And Statistical Techniques. J. Climatol., Vol.7, 391-416.

Sariahmed; A. und Kisiel, C. C., 1968: Synthesis of sequences of summer thunderstorm volumes for the Atterbury watershed in the Tucson area. Proc. Int. Assoc. Hydrol. Sci. Symp. On Use of Analog and Digital Computers in Hydrology, 2, 439-447.

Schiesser, H. H., Houze, R. A. und Huntrieser, H., 1995: The Mesoscale Structure of Severe Precipitation Systems in Switzerland. Mon. Wea. Rev., Vol. 123, 2070-2097.

Schilling, H.- D. und Steinhorst, H., 1998: Parameter Identification for Kalman Filtering of Noisy and Censored Data: Is this a Data Quality Control Method? Meteorol. Atmos. Phys.68, 221-233 .

Schönwiese, C. D., 1985: Praktische Statistik für Meteorologen und Geowissenschaftler. Gebrüder Borntraeger, Stuttgart.

Sevruk, B., 1981: Methodische Untersuchung des systematischen Meßfehlers der Hellmann-Regenmesser im Sommerhalbjahr in der Schweiz. Mitteilungen der Versuchsanstalt für Wasserbau, Hydrologie und Glaziologie an der ETH Zürich, Nr. 52.

Sevruk, B., 1986: Correction of Precipitation Measurements. In: Sevruk, B. (Ed.): ETH/ IAHS/ WMO Workshop on the Correction of Precipitation Measurements. Zürcher Geograph. Schrift., ETH Zürich, No.23, Zürich

Späth, H., 1975: Cluster-Analyse-Algorithmen zur Objektklassifizierung und Datenreduktion. R. Oldenbourg Verlag GmbH, München.

Steinhorst, H., 1994: Stündliche Stationswerte des Niederschlags in einem regionalen Meßnetz, modelliert als stochastischer Prozeß. Diplomarbeit am Meteorologischen Institut, Bonn.

Tetzlaff, G., 1984: Niederschlag aus meteorologischer Sicht. Deutsche Forschungsgemeinschaft, Möglichkeiten der Niederschlagsvorhersage für Hydrologie und Wasserwirtschaft. Mitteilung VIII der Senatskommission für Wasserforschung, Herausgeber Heribert Fleer, VCH Verlagsgemeinschaft mbH, Weinheim.

Todling, R. und Cohn, S. E., 1994: Suboptimal Schemes for Atmospheric Data Assimilation Based on the Kalman Filter. Mon. Wea. Rev., Vol. 122, 2530-2557.

Waymire, E. und Gupta, V. K., 1981, 1: The Mathematical Structure of Rainfall Representations 1. A Review of the Stochastic Rainfall Models. Water Resour. Res. Vol. 17, No. 5, 1261-1272.

Waymire, E. und Gupta, V. K., 1981, 2: The Mathematical Structure of Rainfall Representations 2. A Review of the Theory of Point Processes. Water Resour. Res. Vol. 17, No. 5, 1273-1285.

Waymire, E. und Gupta, V. K., 1981, 3: The Mathematical Structure of Rainfall Representations 3. Some Applications of the Point Process Theory to Rainfall Processes. Water Resour. Res. Vol. 17, No. 5, 1287-1294.

Westermann, Lexikon der Geographie, 1969 Georg Westermann Verlag, Braunschweig.

Wiesner, C. J., 1970: Hydrometeorology. Chapman and Hall LTD, London.

Zimmermann, H., 1987: Die Stadt in ihrer Wirkung als Klimafaktor. Promet, heft 3/4, 17-24.

Zlate-Podani, I., 1991: Error of areal precipitation estimates for small dense networks and time intervals. Atmosph. Research, 27, 55-59.

BONNER METEOROLOGISCHE ABHANDLUNGEN

Herausgegeben vom Meteorologischen Institut der Universität Bonn durch Prof. Dr. H. FLOHN (Hefte 1-25), Prof. Dr. M. HANTEL (Hefte 26-35), Prof. Dr. H.-D. SCHILLING (Hefte 36-39), Prof. Dr. H. KRAUS (Hefte 40-49), ab Heft 50 durch Prof. Dr. A. HENSE.

Heft 1: *W. Eickermann und H. Flohn*: Witterungszusammenhänge über dem äquatorialen Südatlantik. 1962, 65 S.   vergr.

Heft 2: *Hermann Flohn*: Klimaschwankungen und großrämige Klimabeeinflussung. 1963, 61 S.   vergr.

Heft 3: *Masatoshi M. Yoshino*: Rainfall, Frontal Zones and Jet Streams in Early Summer over East Asia. 1963, 126 S.   vergr.

Heft 4: *Hermann Flohn*: Investigations on the Tropical Easterly Jet. 1964, 83 S.   DM 10,-

Heft 5: *Hermann Flohn*: Studies on the Meteorology of Tropical Africa. 1965, 57 S.   vergr.

Heft 6: *H. Flohn, D. Henning, H.C. Korff*: Studies on the Water-Vapor Transport over Northern Africa. 1965, 63 S.   vergr.

Heft 7: *R. Doberitz, H. Flohn, K. Schütte*: Statistical Investigations of the Climatic Anomalies of the Equatorial Pacific. 1967, 78 S.   DM 10,-

Heft 8: *Rolf Doberitz*: Cross-Spectrum Analysis of Rainfall and Sea Temperature at the Equatorial Pacific Ocean. A Contribution to the El-Niño-Phenomenon. 1968, 62 S.   DM 10,-

Heft 9: *Karin Schütte*: Untersuchungen zur Meteorologie und Klimatologie des El-Niño-Phänomens in Ecuador und Nordperu. 1968, 152 S.   DM 16,-

Heft 10: *J.-O. Strüning, H. Flohn*: Investigations on the Atmospheric Circulation above Africa. 1969, 56 S.   DM 10,-

Heft 11: *Rolf Doberitz*: Cross-Spectrum and Filter Analysis of Monthly Rainfall and Wind Data in the Tropical Atlantic Region. 1969, 53 S.   DM 10,-

Heft 12: *Michael Agi*: Globale Untersuchungen über die räumliche Verteilung der kinetischen Energie in der Atmosphäre. 1970, 78 S.   DM 10,-

Heft 13: *Jens-Ole Strüning*: Untersuchungen zur Divergenz des Wasserdampftransportes in Nordwestdeutschland. 1970, 61 S.   DM 10,-

Heft 14: *H. Flohn, M. Hantel, E. Ruprecht*: Investigations on the Indian Monsoon Climate. 1970, 100 S.   DM 10,-

Heft 15: *Hermann Flohn*: Tropical Circulation Pattern. 1971, 55 S.   vergr.

Heft 16: *Frank Schmidt*: Entwurf eines Modells zur allgemeinen Zirkulation der Atmosphäre und Simulation klimatologischer Strukturen. 1971, 68 S.   DM 10,-

Heft 17: Klimatologische Forschung. Festschrift für Hermann Flohn zur Vollendung des 60. Lebensjahres. Climatological Research. The Hermann Flohn 60th Anniversary Volume. Hrsg. von *K. Fraedrich, M. Hantel, H. Clausen Korff, E. Ruprecht*. 1974, XIV, 610 S., 46 Beiträge (22 in deutscher und 24 in englischer Sprache), 54 Tabellen, 262 Abb.   DM 118,-

Heft 38: *Jochen Kerkmann*: Simulation orographisch beeinflußter Fronten mit einem Front-Skala Modell. Teil 2: Tests des Modells und Ergebnisse der Frontensimulationen. 1990, 173 S. + XV.   DM 62,-

Heft 39: *Thomas Burkhardt*: Subgrid-Scale Vertical Energy Fluxes over the African-Atlantic Region. 1990, 114 S. + XI.   DM 42,-

Heft 40: *Hermann Flohn*: Meteorologie im Übergang Erfahrungen und Erinnerungen (1931-1991). 1992, 81 S. + XII.   DM 45,-

Heft 41: *Adnan Alkhalaf and Helmut Kraus*: Energy Balance Equivalents to the Köppen-Geiger Climatic Regions. 1993, 69 S. + IX.   DM 39,-

Heft 42: *Axel Gabriel*: Analyse stark nichtlinearer Dynamik am Beispiel einer reibungsfreien 2D-Bodenkaltfront. 1993, 127 S. + XIV.   DM 60,-

Heft 43: *Annette Münzenberg-St.Denis*: Quasilineare Instabilitätsanalyse und ihre Anwendung auf die Strukturaufklärung von Mesozyklonen im östlichen Weddellmeergebiet. 1994, 131 S. + XIII.   DM 65,-

Heft 44: *Hermann Mächel*: Variabilität der Aktionszentren der bodennahen Zirkulation über dem Atlantik im Zeitraum 1881-1989. 1995, 188 S. + XX.

DM 95,-

Heft 45: *Günther Heinemann*: Polare Mesozyklonen. 1995, 157 S. + XVI.   DM 90,-

Heft 46: *Joachim Klaßen*: Wechselwirkung der Klima-Subsysteme Atmosphäre, Meereis und Ozean im Bereich einer Weddellmeer-Polynia. 1996, 146 S. + XVI.   DM 85,-

Heft 47: *Kai Born*: Seewindzirkulationen: Numerische Simulationen der Seewindfront. 1996, 170 S. + XVI.   DM 95,-

Heft 48: *Michael Lambrecht*: Numerische Untersuchungen zur tropischen 30-60-tägigen Oszillation mit einem konzeptionellen Modell. 1996, 48 S. + XII.

DM 30,-

Heft 49: *Cäcilia Ewenz*: Seewindfronten in Australien: flugzeuggestützte Messungen und Modellergebnisse. 1999, 93 S. + X.   DM 60,-

Heft 50: *Petra Friederichs*: Interannuelle und dekadische Variabilität der atmosphärischen Zirkulation in gekoppelten und SST-getriebenen GCM-Experimenten. 2000, 133 S. + VIII.   DM 50,-

Heft 51: *Heiko Paeth*: Klimaänderungen auf der Nordhemisphäre und die Rolle der Nordatlantik-Oszillation. 2000, 168 S. + XVIII.   DM 50,-

Heft 52: *Hildegard-Maria Steinhorst*: Statistisch-dynamische Verbundanalyse von zetilich und räumlich hoch aufgelösten Niederschlagsmustern. 2000, 131 S. + VIII.   DM 50,-

In Kommission bei ASGARD-Verlag GmbH, Einsteinstr. 10, 53757 St. Augustin
Telefon 02241 3164-0, Fax 02241 316436   http://www.asgard.de